辽宁乡村振兴农业实用技术丛书

辽宁花生优质高产种植技术

主　编　王海新

东北大学出版社

·沈　阳·

图书在版编目（CIP）数据

辽宁花生优质高产种植技术 / 王海新主编. --沈阳：
东北大学出版社，2025.6. --ISBN 978-7-5517-3770-8

Ⅰ. S565.2

中国国家版本馆 CIP 数据核字第 202580YG05 号

出 版 者：东北大学出版社
　　　　　　地址：沈阳市和平区文化路三号巷 11 号
　　　　　　邮编：110819
　　　　　　电话：024-83683655（总编室）
　　　　　　　　　024-83687331（营销部）
　　　　　　网址：http://press.neu.edu.cn
印 刷 者：辽宁一诺广告印务有限公司
发 行 者：东北大学出版社
幅面尺寸：145 mm×210 mm
印　　张：4.75
字　　数：123 千字
出版时间：2025 年 6 月第 1 版
印刷时间：2025 年 6 月第 1 次印刷
责任编辑：薛璐璐
责任校对：王　旭
封面设计：潘正一
责任出版：初　茗

ISBN 978-7-5517-3770-8　　　　　定　价：38.00 元

前　言

  本书由辽宁省花生研究所（即辽宁省沙地治理与利用研究所）编写，该所前身为辽宁省风沙地改良利用研究所，成立于 1963 年。该所自建所以来，一直致力于花生品种选育、栽培技术研究、产业化开发工作，共选育新品种 40 余个，其中高油酸花生品种 12 个，研究推广新技术 10 多项，培养博士 5 人。先后承担科研项目 100 余项，主要有"国家花生产业技术体系阜新综合试验站"、农业部"948"项目"花生优质特异种质资源及育种关键技术引进"、农业部"花生良种重大科研联合攻关"、科技部"大豆及花生化肥农药减施技术集成研究与示范——春花生水肥药一体化增效技术集成与示范"、农业农村部小粒花生优势特色产业集群、辽宁省重大"揭榜挂帅"项目、辽宁省科技厅农业攻关项目"特色粮油新品种选育及优质高效生产技术集成与示范"、辽宁省百千万人才计划"高油酸花生种质创制与分子鉴定"（项目编号：辽百千万立项〔2025〕35 号）、辽宁省自然科学基金"花生耐寒相关基因分离与功能分析"（项目编号：2014027029），以及中央财政、辽宁省重点推广等项目。获奖成果 30 余项，其中辽宁省科学技术进步奖二等奖 4 项，阜新市科技进步奖一等奖 4 项，发表论文 100 余篇，出版《辽宁花生》专著 1 部，申报国家发明专利 20 余个，制定地方标准 10 余项。

  本分册是在 60 多年花生科研、生产、推广及相关产业开发经验的基础上，查阅国内外相关著作、借鉴前人研究成果编辑而成的。本分册共七章，全面地介绍了辽宁花生生产现状、适合辽宁省种植的优良花生新品种、花生轻简化优质高产栽培技术、先进的花生种植模式、实用的花生生产机械、花生肥料减施增效技术等内容，理论与实践相结合，内容丰富、通俗易懂，可作为广大科研人员、农业院校师生科研和学习参考，主要是供基层农技推广人员及广大花生种植者使用，不妥之处敬请指正。

本分册编写过程中，得到了辽宁省"揭榜挂帅"项目（项目编号：2021JH1/10400034）、沈阳市种业创新项目（沈阳市科技计划项目22-318-2-16）、辽宁省农科院花生育种与栽培学科项目（项目编号：2022DD196132）、辽宁省农科院协同创新"揭榜挂帅"项目（项目编号：2022XTCX0502）的支持，同时得到了山东省花生研究所、河北省农林科学院经济作物研究所、吉林省农业科学院花生研究所以及辽宁省内各花生育种单位的大力支持，在此一并感谢！

编　者

2025 年 3 月

目　录

第一章　辽宁花生生产现状 ……………………………… 1

第二章　适合辽宁省种植的花生新品种简介 ………… 6

第三章　花生优质高产栽培规范 ……………………… 61

第四章　花生种植模式 ………………………………… 72

第五章　花生生产机械 ………………………………… 87

第六章　花生肥料减施增效技术 ……………………… 98

第七章　辽宁花生生产技术 …………………………… 118

参考文献 ………………………………………………… 142

第一章　辽宁花生生产现状

一、花生产区分布

辽宁，简称"辽"，寓意"辽河流域，永远安宁"，位于中国东北地区的南部，是东北地区通往关内的交通要道和连接亚欧大陆桥的重要门户。党的十九大提出实施乡村振兴战略，辽宁作为国家重要农产品生产基地，辽宁省委省政府要把其建成国家重要现代农业生产基地；作为东北花生重要产区，辽宁已成为中国最适宜种植花生的区域之一。

辽宁地处中国东北农牧交错地带，花生种植区域集中，主要分布在辽西、辽西北丘陵种植区（占全省播种面积的95%以上）。花生是辽宁省第三大作物。按照辽宁省花生种植区域进行划分，全省共划分为4个种植区，即辽西、辽西北丘陵种植区，中部辽河平原种植区，辽南丘陵种植区，东部丘陵山地零星种植区。

（一）辽西、辽西北丘陵种植区

本区包括阜新、锦州、葫芦岛、朝阳，以及沈阳市康平县、法库县全境。本区西北部与内蒙古自治区科尔沁地区南沿接壤，风沙较大，地势由西北向东南呈阶梯式降低。本区基本属于温带半湿润、半干旱季风气候，春季干旱多风，年降水量400.0～600.0 mm，多集中于6—8月。光照条件好，年日照在2800 h以上，其中，5—9月在1200 h以上，是全省光照条件最好的地区。

年平均气温 6.0~9.0 ℃。本区土壤为棕壤、褐土和草甸土，土壤肥力较低，土壤有机质质量分数①为 0.7%~1.0%，但多年来山林破坏严重，植被稀疏，加上降雨年际变化大，风沙大，蒸发量大，造成本区水土流失和以干旱为主的自然灾害严重，影响了花生产量的提高。

（二）中部辽河平原种植区

本区包括铁岭、辽阳、鞍山、新民市、盘锦，以及沈阳市郊区、辽中区全境。本区位于辽宁中部，辽河中下游平原地区，地势平坦、土质肥沃。本区属于温带半湿润季风气候，年平均气温 6.5~8.7 ℃，年降水量 570.0~760.0 mm，土壤为黑土和河淤土，土壤有机质质量分数为 1.0%~2.0%，区内河流纵横，水资源比较丰富，有利于灌溉。

（三）辽南丘陵种植区

本区包括大连、营口全境。本区位于辽宁省最南端，以千山余脉为骨干，伸入黄海、渤海区内，以丘陵为主，海岸线较长，岛屿较多，滩涂面积宽广，自然条件优越，光、热资源丰富，基本上属暖温带，太阳辐射量为 502.08~543.92 kJ/cm²，年降水量 550.0~800.0 mm。本区土壤属棕壤区，土壤有机质质量分数为 1.0%~1.5%，全氮质量分数为 0.075%~0.1%，有效磷质量分数为 3.0~10.0 mg/kg，有效钾质量分数为 50.0~70.0 mg/kg。

（四）东部丘陵山地零星种植区

本区包括丹东、抚顺、本溪全境。本区地势较高，境内山峦重叠，林木茂盛，水源丰富，山清水秀，森林覆盖率高，是辽宁省的最佳生态环境地区。本区属温带湿润季风气候，年平均气温

---

① 质量分数即为行业惯用含量之意，为便于读者理解，特此说明，下同。——编者注

6.0~8.0 ℃，无霜期差异较大。全区雨量充沛，年降水量 800.0~1000.0 mm，是全省降水最多的地区。本区土壤为棕壤、草甸土和水稻土。土壤肥力较高，土壤有机质质量分数为 1.0%~2.5%。

二、花生产区生态特点

（一）气候资源优越

辽宁无霜期平均为 150~165 d，10 ℃ 及以上积温平均在 3000.0~3400.0 ℃，春季干旱少雨，秋季秋高气爽。空气湿度小，黄曲霉毒素污染风险低，干燥的气候环境不利于病虫害的发生。

（二）土地资源丰富

辽宁农业从事人员人均占有粮食作物播种面积为 0.61 hm²，播种面积大，适于大面积播种，农民种植经验丰富，有利于花生稳产。

（三）生产的品种品质优

生产的花生脂肪质量分数中等，粗蛋白质量分数较高，适口性好。品种种植格局相对稳定，以珍珠豆型早熟中粒型和多粒型花生为主。

三、辽宁花生的地位

（一）播种面积不断扩大

由表 1-1 可知，2000—2009 年，辽宁省花生播种面积平均为 267.2 万亩①。2010—2022 年，花生播种面积整体呈逐年增加趋

---

① 亩为非法定计量单位，1 亩≈666.7 米²，此处使用为便于读者理解，使行文更为顺畅，下同。——编者注

势，2021年达到498.4万亩。花生一直为辽宁省第三大作物，2021年，辽宁省花生播种面积占全国花生播种总面积的6.3%，位居全国第4位。

表1-1　2000—2023年辽宁省花生播种面积

时间	播种面积/万亩	时间	播种面积/万亩
2000 年	214.2	2012 年	348.1
2001 年	276.2	2013 年	349.7
2002 年	341.9	2014 年	360.5
2003 年	380.0	2015 年	371.2
2004 年	260.0	2016 年	404.6
2005 年	210.9	2017 年	407.5
2006 年	144.2	2018 年	429.2
2007 年	233.9	2019 年	433.8
2008 年	313.3	2020 年	459.3
2009 年	297.4	2021 年	498.4
2010 年	341.2	2022 年	462.9
2011 年	358.9	2023 年	476.0

注：数据来源于各年度辽宁省花生统计年鉴。

（二）总产量不断提高

2000—2009年，辽宁省花生总产量平均为41.6万t左右。2010年以来，花生总产量突破60万t，2023年达到127.2万t，占全国花生总产量的6.14%，位居全国第4位。

表 1-2　2000—2023 年辽宁省花生总产量

时间	总产量/万 t	时间	总产量/万 t
2000 年	25.6	2012 年	65.1
2001 年	42.1	2013 年	65.1
2002 年	50.8	2014 年	55.4
2003 年	54.8	2015 年	55.4
2004 年	41.9	2016 年	75.9
2005 年	33.0	2017 年	80.0
2006 年	24.5	2018 年	76.8
2007 年	42.2	2019 年	96.4
2008 年	59.1	2020 年	98.7
2009 年	42.3	2021 年	115.5
2010 年	60.5	2022 年	112.5
2011 年	67.5	2023 年	127.2

注：数据来源于各年度辽宁省花生统计年鉴。

（三）优质花生生产基地

近年来，花生新品种播种面积逐年增加，已占辽宁省花生播种面积的 92.4%。种植方式由散户向合作社、家庭农场、种植大户过渡，通过土地流转，打造百亩、千亩连片示范基地，做到集约化种植，统一用种、用肥、用药和管理。

同时，为提升辽宁花生品牌知名度，现已拥有包括阜新花生、彰武花生、黑山花生、红崖子花生、叶茂台花生、傅家花生、康平花生、兴城花生、铁岭花生等辽宁优质花生"地理商标"，受到国内外市场的欢迎。

第二章 适合辽宁省种植的花生新品种简介

一、省外品种简介

（一）花育 23 号

育成单位：山东省花生研究所

亲本来源：ICGS37×R1

审定情况：鲁农审字〔2004〕013 号。2004 年审定，2006 年国家鉴定。

图 2-1　花育 23 号植株

特征特性：株型直立，疏枝，连续开花（如图 2-1 所示）。主茎高 37.2 cm，侧枝长 43.1 cm，总分枝数 7~9 条。百果重 153.7 g，百仁重 64.2 g，出米率 74.5%。子仁粗脂肪质量分数为 53.1%，蛋白质质量分数为 22.9%，油酸/亚油酸比值（油亚比）为 1.54。

产量表现：2003 年参加全国北方片区域试验，14 个点次平均荚果产量 273.9 千克/亩，比对照鲁花 12 号的 216.1 千克/亩增产 26.75%，达极显著水平。子仁产量 199.4 千克/亩，比对照鲁花 12 号的 156.24 千克/亩增产 27.62%，居 9 个参试品种的第 1 位，表现出良好的适应性。

（二）花育 51 号

育成单位：山东省花生研究所

亲本来源：鲁花 15 号×高油酸花生品系 P76

审定情况：2013 年安徽鉴定（皖品鉴登字第 1205005）。

特征特性：属早熟小花生品种。株型直立，连续开花。叶色绿。结果较集中。抗倒伏。荚果近茧形，网纹浅，果腰较浅。子仁无裂纹，种皮粉红色。山东春播生育期 125 d。主茎高 50 cm，分枝数 8~9 条。饱果率 76% 左右。百果重 173.75 g，百仁重 64.45 g。出米率 74.18%。气相测定结果，油酸质量分数 80.31%，亚油酸质量分数 3.36%，油亚比 23.92。

产量表现：参加山东省花生研究所品比试验，2011 年平均单产荚果 282.43 千克/亩，比对照花育 23 号增产 10.81%；2012 年平均单产荚果 269.87 千克/亩，比对照花育 23 号增产 6.22%。参加安徽夏播花生区域试验，单产荚果 318.5 千克/亩，比对照白沙 1016 增产 18.18%。

（三）花育 52 号

育成单位：山东省花生研究所

亲本来源：青兰 2 号×高油酸花生品系 P76

审定情况：2013 年安徽鉴定（皖品鉴登字第 1205006）。

特征特性：属早熟直立小花生品种。连续开花，株型直立抗倒。叶色绿。结果较集中。荚果近斧头形，无果腰，网纹浅。种皮粉红色，子仁无裂纹。山东春播种植生育期 120 d（夏播 110 d）。主茎高 45 cm，分枝数 10 条。千克果数 752 个，千克仁数 1589 个。百果重 190.00 g，百仁重 76.29 g。饱果率 76%，出米率 76.63%。气相测定结果，油酸质量分数 81.45%，亚油酸质量分数 3.02%，油亚比 26.97。

产量表现：参加山东省花生研究所品比试验，2011 年平均单产荚果 297.02 千克/亩，比对照花育 23 号增产 8.78%；2012 年平均单产荚果 260.95 千克/亩，比对照花育 23 号增产 7.77%。参加安徽区域试验，单产荚果 296.5 千克/亩，比对照白沙 1016 增产 10.02%。

（四）花育 662

育成单位：山东省花生研究所

亲本来源：06-I8B4×高油酸亲本 CTWE

审定情况：2014 年安徽鉴定（皖品鉴登字第 1305001）。

特征特性：属珍珠豆型高油酸小花生新品种。株型直立（如图 2-2 所示）。荚果普通形，子仁桃圆形，种皮粉红色，内种皮白色。山东莱西春播全生育期 120 d。主茎高 35 cm，侧枝长 38 cm，结果枝数 9 条，结实范围 3.5 cm，百果重 215.0 g，百仁重 80.0 g。出米率 79.0%。经农业部（现农业农村部）油料及制品质量监督检验测试中心（武汉）测定，花育 662 子仁油酸质量分数 80.8%，亚油酸质量分数 2.7%，油亚比 29.93。

产量表现：2013 年参加安徽夏播花生区域试验，单产荚果 280 千克/亩、单产子仁 223.16 千克/亩，分别比对照白沙 1016

增产 4.89%，10.40%。2015 年参加莱西春播试验，花育 662 单产荚果 360.56 千克/亩、单产子仁 275.14 千克/亩。

图 2-2　花育 662 植株　　　　图 2-3　花育 665 植株

（五）花育 665

育成单位：山东省花生研究所

亲本来源：冀花 4 号×高油酸花生品系 CTWE

审定情况：农业农村部非主要农作物品种登记 GPD 花生（2022）370134。

特征特性：花育 665 是我国首个高油酸兰娜型花生品种，实现了高产、优质和早熟的统一。株型直立，叶色绿（如图 2-3 所示），连续开花，结果集中，山东春播生育期约 112 d。荚果普通形，果嘴弱到中，网纹中等。子仁柱形，种皮浅红色，内种皮浅黄色。主茎高 34.5 cm，侧枝长 39.8 cm，分枝数 6 条左右，单株结果数 12.6 个。百果重 160.8 g，百仁重 67.5 g，出米率 76.3%。子仁含油量 52.4%，蛋白质质量分数 25.3%，油酸质量分数 79.0%，亚油酸质量分数 3.2%。

产量表现：在山东省花生研究所莱西试验农场种植，花育

665 比对照花育 20 号表现出明显的产量优势。其中，花育 665 子仁产量比对照花育 20 号，2015 年增产 8.44%，2016 年增产 17.05%，2017 年增产 26.53%。2018 年参加莱西农户大田试验，花育 665 亩产荚果达 475 kg 以上。2018 年参加辽宁锦州试验，比当地对照锦花 16 号子仁增产 16.82%。

（六）花育 668

育成单位：山东省花生研究所

亲本来源：06-I8B4×高油酸花生品系 CTWE

审定情况：农业农村部非主要农作物品种登记 GPD 花生（2022）370133。

特征特性：该品种株型直立，叶色绿，连续开花，结果集中（如图 2-4 所示），山东春播生育期约 112 d。荚果蚕茧形，果嘴弱到中，网纹中等。子仁桃圆形，种皮浅红色，内种皮浅黄色。主茎高 24.0 cm，侧枝长 26.0 cm，分枝数 8 条左右，单株结果数 14.8 个。百果重 170.0 g，百仁重 70 g，出米率 75.0%。该品种中抗青枯病。2016 年，经农业部（现农业农村部）油料及制品质量监督检验测试中心（武汉）检测，子仁中脂肪质量分数 53.6%，油酸质量分数 80.7%，亚油酸质量分数 2.8%，油亚比 28.8。

产量表现：参加山东省花生研究所品比试验，2014 年比花育 33 号增产子仁 12.07%，比花育 25 号增产子仁 22.03%；2015 年比花育 20 号增产子仁 3.57%；2016 年后期参加耐旱试验，比花育 20 号增产子仁 1.60%，比高油酸对照品种花育 32 号增产子仁 62.95%。2016 年参加全国 20 个试验点试验，平均亩产子仁 190.74 kg，比对照花育 20 号增产 5.26%。2017 年参加全国多点试验，平均亩产子仁 219.89 kg，比对照花育 20 号增产 3.71%。

图 2-4　花育 668 植株

图 2-5　花育 961 子仁

（七）花育 961

育成单位：山东省花生研究所

亲本来源：06-I8B4×高油酸花生品系 CTWE

审定情况：2014 年安徽鉴定（皖品鉴登字第 1305010）。

特征特性：参加山东省花生研究所春播试验，全生育期 120 d。主茎高 45.0 cm，侧枝长 48.0 cm（子仁如图 2-5 所示）。结果枝数 8 条，百果重 235.0 g，百仁重 92.8 g。出米率 80.0%。安徽夏播全生育期 120 d。主茎高 47.6 cm，结果枝数 8.3 条，百果重 221.5 g，百仁重 82.8 g。出米率 77.5%。经农业部（现农业农村部）油料及制品质量监督检验测试中心（武汉）测定，花育 961 子仁油酸质量分数 81.2%，亚油酸质量分数 3.3%，油亚比 24.60。

产量表现：2013 年参加安徽夏播花生区域试验，在合肥、宿州、固镇等各试点均增产，平均单产荚果 286.00 千克/亩，单产子仁 221.63 千克/亩，比对照鲁花 8 号增产荚果 7.72%、增产子仁 17.03%。2015 年参加山东潍坊试验，单产荚果 387.19 千克/亩、单产子仁 278.64 千克/亩。2015 年参加新疆农垦科学院花生试验，低肥力重茬地单粒春播，实种 166.67 m²，实收荚果 105.14 kg，折单产荚果 420.56 千克/亩。

（八）花育 963

育成单位：山东省花生研究所

亲本来源：06-I8B4×高油酸花生品系 CTWE

审定情况：2015 年安徽鉴定（皖品鉴登字第 1505029）。

特征特性：株型直立，叶片椭圆形（如图 2-6 所示）。结果集中。荚果普通形，子仁长椭圆形，内种皮金黄色。山东莱西春播生育期 120 d。主茎高 24.4 cm，侧枝长 28.3 cm，分枝数 7.6 条，结实范围 3.9 cm。百果重 246.7 g，百仁重 105.0 g。出米率 73.8%。经农业部（现农业农村部）油料及制品质量监督检验测试中心（武汉）测定，子仁油酸质量分数 80.1%，亚油酸质量分数 3.2%，油亚比 25.03。

产量表现：2015 年参加安徽夏播花生区域试验，平均单产荚果 241.67 千克/亩、单产子仁 177.09 千克/亩，分别比高油酸对照品种花育 951 增产 10.69%，12.75%。2016 年参加试验，在湖北襄阳，单产荚果 313.95 千克/亩，比对照花育 33 号增产 7.82%；在山东临沂，单产荚果 341.66 千克/亩，比对照花育 33 号增产 9.63%；同年，在河南驻马店、江苏徐州、河北保定、湖北襄阳和黄冈等地，种植亦比对照花育 33 号增产。

图 2-6　花育 963 植株

图 2-7　花育 965 子仁

（九）花育 965

育成单位：山东省花生研究所

亲本来源：06-I8B4×高油酸花生品系 CTWE

审定情况：2015 年安徽鉴定（皖品鉴登字第 1505031）。

特征特性：株型直立。叶片椭圆形，株型紧凑，结果集中，果柄短。荚果茧形。子仁桃圆形，种皮粉红色，内种皮白色（如图 2-7 所示）。山东莱西春播生育期 120 d。主茎高 24.7 cm，侧枝长 26.7 cm，分枝数 6.8 条，结实范围 4.2 cm。百果重 227 g，百仁重 98 g。出米率 77.7%。安徽夏播生育期 112 d。主茎高 37.72 cm，结果枝数 7.57 条。单株结果数 11.20 个，成熟双仁果数 43.03 个，单株荚果重 14.75 g，单株子仁重 11.40 g，百果重 167.09 g，百仁重 68.54 g。出米率 76.43%。经农业部（现农业农村部）油料及制品质量监督检验测试中心（武汉）测定，子仁油酸质量分数 81.5%，亚油酸质量分数 3.1%，油亚比 26.29。

产量表现：参加山东省花生研究所品比试验，2013 年单产子仁 228.63 千克/亩，分别较对照丰花 1 号、花育 33 号增产 25.02%、8.70%；2014 年单产子仁 230.53 千克/亩，较对照花育 33 号增产 5.55%。2015 年参加安徽夏播花生区域试验，平均单产荚果 225.17 千克/亩、单产子仁 172.11 千克/亩，分别比对照花育 951 增产 3.13%、9.58%。

（十）唐油 4 号

育成单位：唐山市农业科学研究院

亲本来源：（15041-Ⅱ×白沙 44）×（6203×伏北 1 号）

审定情况：1990 年唐山市审定。

特征特性：株型直立，连续开花（主茎开花）。株高 45.0 cm，侧枝长 46.0 cm。结果枝 7 条，总分枝 9 条，结实范围 6 cm 左右。茎粗，直径 0.6 cm，茎部花青素少量，茎呈绿色，茎枝茸毛稀。

叶片为倒卵形、绿色、中大，长 5.4 cm、宽 3.4 cm。花冠黄色、花大。旗瓣高 14.9 mm、宽 11.1 mm。单株结果数 16 个，单株产量 15.6 g。荚果茧形带腰，网目中大，网纹粗浅，缩缢深，果嘴明显。以 2 粒荚果为主，荚果中，长 4.13 cm、宽 1.29 cm。子仁饱满，呈圆形，无裂纹，种皮浅粉色，内种皮白色，子仁长 1.82 cm、宽 1.13 cm。500 g 果数 348 个，500 g 仁数 830 个。百果重 203.0 g，百仁重 89.3 g。出仁率 75.4%。粗脂肪质量分数 53.53%，粗蛋白质量分数 26.56%，油亚比 1.5。

产量表现：1988—1989 年参加唐山花生品种区域试验，荚果产量 260 千克/亩以上，比对照白沙 1016 增产 20.5%。1989 年，经专家组田间检测，荚果产量 346 千克/亩，比对照增产 15.1%。子仁符合小花生出口标准。

（十一）唐 8252

育成单位：唐山市农业科学研究院

亲本来源：1501-2×白沙 1016

审定情况：1988 年经河北省农作物品种审定委员会审定命名。

特征特性：优质早熟品种，生育期 115~120 d。出苗快，长势强，株高 40 cm，疏枝直立，健壮，多枝 6~7 条，叶色绿，叶片大，开花早。果针入土浅，果柄坚韧，荚果发育快，结果性强，单株结果 18 个以上，结果集中。果茧形，双粒率高，饱果率 88%，出米率可达 76%。籽粒饱满，珍珠豆型，光滑整齐，种皮粉红，百果重 168 g，百粒重 72 g。喜水肥，耐旱，耐瘠，抗病，抗倒，适应性强。品质优，高油、高蛋白，口感细腻甘香，商品性好，适宜鲜食、榨油、食品加工，为外贸出口首选佳品。

产量表现：一般亩产 260 kg，高产可达 350 千克/亩以上，比同类品种可增产 7%~10%。适宜华北、华东、东北地区各类地力种植，地膜种植可提早采收上市。一般密度为 10000 穴/亩。

（十二）青花 6 号

育成单位：青岛农业大学

亲本来源：白沙 6 号×99D1

审定情况：鲁农审 2010028 号。

特征特性：春播生育期 120 d，主茎高 36 cm，侧枝长 39 cm，分枝数 10 条，株丛直立。叶片较小，呈倒卵圆形，叶色深绿（如图 2-8 所示）。连续开花，花期长，花量大，单株结果集中，单株结果 25 个，双仁果率达 80%，饱果率 75%。荚果蚕茧形，百果重 195 g，出仁率 78.27%，子仁桃圆形，种皮浅粉红色，百仁重 87.8 g。

产量表现：在 2007—2008 年山东色红小花生品种区域试验中，两年荚果平均产量 299.4 千克/亩、子仁 226.33 千克/亩，分别比对照花育 20 号增产 8.58%和 11.85%，居第 1 位。

图 2-8　青花 6 号植株　　　　图 2-9　冀花 11 号植株

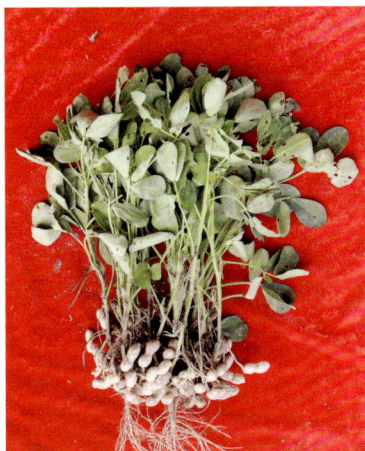

(十三) 冀花 11 号

育成单位：河北省农林科学院粮油作物研究所

亲本来源：冀花 5 号×开选 01-6

审定情况：2013 年河北鉴定（冀科成转鉴字〔2013〕第 2-002 号）。

特征特性：属疏枝普通型小果早熟品种，具有高产、高油、高油酸、抗病、抗逆、适应性强等突出特点。株型直立紧凑（如图 2-9 所示）。荚果整齐、饱满，双仁果率高。荚果普通形，子仁椭圆形，种皮粉红色，无裂纹，无油斑。生育期 126 d。主茎高 34.2 cm，侧枝长 37.8 cm，分枝数 5.7 条，结果枝 5 条，单株结果数 17.5 个，单株荚果重 17.4 g。千克果数 971 个，千克仁数 2116 个。百果重 153.7 g，百仁重 64.5 g。出米率 76.19%。全生育期植株生长稳健，较抗叶斑病，耐病毒病，抗倒性强，抗旱性、抗涝性强，适宜机械化收获。2010 年，经农业部（现农业农村部）油料及制品质量监督检验测试中心（武汉）检测，油酸质量分数 80.7%，亚油酸质量分数 3.1%，油亚比 26.03，棕榈酸质量分数 5.7%，粗脂肪质量分数 56.44%，粗蛋白质量分数 23.68%。

产量表现：参加河北省小粒组花生区域试验，2011 年单产荚果 262.02 千克/亩、子仁 199.81 千克/亩，分别比对照品种鲁花 12 号增产 8.24%，11.27%；2012 年单产荚果 276.69 千克/亩、子仁 210.66 千克/亩，分别比对照品种鲁花 12 号增产 15.87%，19.59%。两年平均单产荚果 269.36 千克/亩、子仁 205.24 千克/亩，分别比对照种鲁花 12 号增产 12.06%，15.43%。2012 年参加河北省花生小粒组生产试验，平均单产荚果 252.8 千克/亩、子仁 190.98 千克/亩，均居小粒参试品种首位，分别比对照种鲁花 12

号增产 24.46%，32.27%。

(十四)冀花 16 号

育成单位：河北省农林科学院粮油作物研究所

亲本来源：冀花 6 号×开选 01-6

审定情况：2015 年国家鉴定（国品鉴花生 2015006 号），2016 年河北审定（冀审花 2016001 号）。

特征特性：普通型中早熟品种。株型直立（如图 2-10 所示）。出苗整齐，生长稳健。叶片长椭圆形、绿色，连续开花，花色橙黄，荚果普通形，子仁椭圆形、粉红色、无裂纹、无油斑。种子休眠性强。生育期 129 d。主茎高 44.4 cm，侧枝长 48.8 cm，分枝数 7.1 条，结果枝数 6.1 条。百果重 207.4 g，百仁重 87.8 g。出米率 72.59%。抗旱性、抗涝性强，易感黑斑病，高抗花生网斑病。经农业部（现农业农村部）油料及制品质量监督检验测试中心（武汉）检测，油酸质量分数 79.25%，亚油酸质量分数 3.85%，油亚比 20.6，粗脂肪质量分数 54.14%，粗蛋白质量分数 23.51%。

产量表现：2012—2013 年，参加全国北方片大粒组区域试验，单产荚果 342.76 千克/亩，单产子仁 249.26 千克/亩，分别比对照品种花育 19 号增产 6.33% 和 6.01%。2014 年，参加全国北方片大粒组生产试验，单产荚果 349.88 千克/亩，单产子仁 254.05 千克/亩，分别比对照品种花育 19 号增产 6.39% 和 7.8%，分别比对照品种花育 33 号增产 0.51% 和 2.75%。2013—2014 年，参加河北省大花生品种区域试验，单产荚果 338.39 千克/亩，单产子仁 245.50 千克/亩。2015 年，参加河北省生产试验，单产荚果 361.20 千克/亩，单产子仁 258.95 千克/亩。

图 2-10　冀花 16 号　图 2-11　冀花 18 号子仁　图 2-12　冀花 18 号植株
植株

(十五) 冀花 18 号

育成单位: 河北省农林科学院粮油作物研究所

亲本来源: 冀花 5 号×开选 016

审定情况: 审定编号 GPD 花生 (2017) 130015。

特征特性: 普通型。中小果花生 (如图 2-11 所示), 生育期 126 d, 株型为半匍匐型, 叶片长椭圆形、绿色 (如图 2-12 所示), 连续开花, 花色橙黄, 荚果普通形, 子仁桃圆形、粉红色、无裂纹、有油斑, 种子休眠性强。主茎高 36.6 cm, 侧枝长 42.8 cm, 总分枝 6.8 条, 结果枝 5.6 条, 单株果数 17.2 个, 单株产量 19.49 g, 百果重 181.19 g, 百仁重 76.8 g, 千克果数 742 个, 千克仁数 1714 个, 出米率 73.2%。抗旱性、抗涝性强, 中抗叶斑病。含油量 54.97%, 粗蛋白质量分数 26.00%, 油酸质量分数 81.8%, 亚油酸质量分数 2.7%, 油亚比 30.3。

产量表现: 参加全国区域试验, 第 1 生长周期荚果产量为 274.86 千克/亩, 子仁产量为 205.28 千克/亩, 分别比对照冀花 4 号增产 1.52%、减产 1.18%; 第 2 生长周期荚果产量为 365.11 千克/亩, 子仁产量为 268.17 千克/亩, 分别比对照冀花 4 号增产 0.72% 和减产 0.89%。

二、省内品种简介

(一) 阜花 12 号

育成单位：辽宁省沙地治理与利用研究所

亲本来源：唐 8252×鲁花 9 号

审定情况：农业农村部非主要农作物品种登记 GDP 花生 (2018) 210203。

特征特性：属连续开花亚种珍珠豆型花生（如图 2-13 所示），全生育期 125 d 左右，出苗快而整齐、长势强，有效花期 30 d 左右，抗旱、抗倒、耐瘠、适应性广、较抗叶斑病；株型直立、疏枝（如图 2-14 所示），株高 35～40 cm，侧枝长 40～45 cm，分枝 8 条左右，单株结果 12～15 个，单株果重 15 g 左右，百果重 175～180 g，百仁重 70～75 g，出米率 73%～75%；花冠橙黄色，花小，茎中粗，绿色，小叶片椭圆形，淡绿色，中大；荚果斧头形（或蚕茧形），2 粒荚，子仁为椭圆形，种皮粉红色，适合出口和油用。经农业农村部农产品质量监督检验测试中心（沈阳）测定，子仁粗脂肪质量分数 50.6%，粗蛋白质量分数 24.33%，总糖质量分数（以葡萄糖计）5.17%。

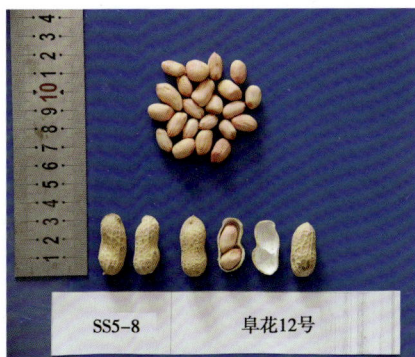

图 2-13 阜花 12 号子仁

图 2-14 阜花 12 号植株

产量表现：4 年参加辽宁省风沙地改良利用研究所所内花生品种比较试验，平均荚果产量 236.5 千克/亩，比对照白沙 1016 增产 20.7%。3 年参加多点生产试验，比对照白沙 1016 增产 17.4%。

（二）阜花 17 号

育成单位：辽宁省沙地治理与利用研究所

亲本来源：阜 9708×农业部立小

审定情况：农业农村部非主要农作物品种登记 GDP 花生（2018）210202。

特征特性：该品种平均生育期 119 d，株高 38.4 cm，分枝 7.0 条，结果集中（如图 2-15 所示），小叶片椭圆形、黄绿色（如图 2-16 所示），花冠橙黄色，荚果蚕茧形，种皮粉红色。单株结果数 15.7 个，百仁重 61.5 g，出仁率 72%。该品种抗倒、抗旱、抗病、耐瘠薄，适应性强，稳产性好。

产量表现：2007—2009 年参加品比试验，折亩产荚果 252.1 kg，比对照鲁花 12 号每亩增产 38.9%。2011 年参加辽宁省花生品种备案试验，6 个试点中，5 点增产，1 点减产；平均亩产荚果 217.07 kg，比对照白沙 1016 增产 16.3%，位居第 2 位。

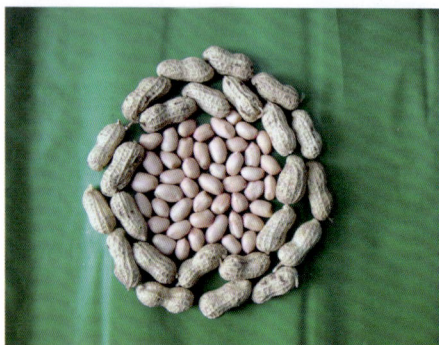

图 2-15 阜花 17 号子仁

图 2-16 阜花 17 号植株

（三）阜花 22

育成单位：辽宁省沙地治理与利用研究所

亲本来源：阜 01-2×高油酸花生品系 CTWE

审定情况：农业农村部非主要农作物品种登记 GPD 花生（2018）210200。

特征特性：珍珠豆型（如图 2-17 所示）。食用、鲜食。连续开花直立小粒花生，平均生育期 123 d，主茎高 38.3 cm，总分枝数 7.5 条，结果枝数 5.7 条，单株结果数 15.6 个，叶色绿色（如图 2-18 所示），子仁桃圆形、饱满、光滑、仁皮色粉白，百果重 170.34 g，百仁重 68.00 g，出仁率 72.2%，荚果蚕茧形、2 粒荚。油酸质量分数 81.1%，子仁亚油酸质量分数 3.0%。中抗叶斑病。

产量表现：荚果第 1 生长周期亩产 323.98 kg，比对照白沙 1016 增产 28.2%；第 2 生长周期亩产 316.7 kg，比对照白沙 1016 增产 12.9%。子仁第 1 生长周期亩产 228.4 kg，比对照白沙 1016 增产 26.9%；第 2 生长周期亩产 228.84 kg，比对照白沙 1016 增产 12.9%。

图 2-17　阜花 22 子仁　　　图 2-18　阜花 22 植株

（四）阜花 27

育成单位：辽宁省沙地治理与利用研究所

亲本来源：阜 12E3-1×高油酸花生品系 FB4

审定情况：农业农村部非主要农作物品种登记 GPD 花生 （2018）210199。

特征特性：珍珠豆型（如图 2-19 所示）。食用、鲜食。连续开花直立小粒花生，平均生育期 124 d，主茎高 37.6 cm，株型紧凑，株系发达，结果集中（如图 2-20 所示），总分枝数 6.9 条，结果枝数 5.3 条，单株结果数 15.2 个，荚果蚕茧形、2 粒荚、仁皮色粉白，百果重 197.16 g，百仁重 74.37 g，出仁率 72.5%。子仁含油量 53.02%，蛋白质质量分数 24.67%，油酸质量分数 78.8%，子仁亚油酸质量分数 4.7%。中抗叶斑病。

产量表现：荚果第 1 生长周期亩产 331.94 kg，比对照白沙 1016 增产 31.4%；第 2 生长周期亩产 308.92 kg，比对照白沙 1016 增产 10.1%。子仁第 1 生长周期亩产 234.3 kg，比对照白沙 1016 增产 30.3%；第 2 生长周期亩产 224.26 kg，比对照白沙 1016 增产 10.6%。

图 2-19　阜花 27 子仁　　　　图 2-20　阜花 27 植株

（五）阜花 28

育成单位：辽宁省沙地治理与利用研究所

亲本来源：9806×京白 2 号

审定情况：农业农村部非主要农作物品种登记 GPD 花生（2019）210191。

特征特性：该品种为珍珠豆型花生（如图 2-21 所示），平均生育期 122.9 d。连续开花，叶片长椭圆形，株型直立（如图 2-22 所示），叶色为中，花色黄色。荚果缩缢程度弱、果嘴明显程度弱，表面质地粗糙。种皮颜色数量单色，粉红色，种皮内表皮颜色浅黄，子仁椭圆形，种皮无裂纹，种子休眠性强，抗旱性强。主茎高 43 cm，侧枝长 47.4 cm，分枝数 7.6 条，单株结果数 18.4 个，单株产量 26.1 g，百果重 216.5 g，百仁重 81.2 g，出仁率 66.3%。子仁含油量 51.492%，蛋白质质量分数 25.5%，油酸质量分数 38.3%，子仁亚油酸质量分数 40.6%。

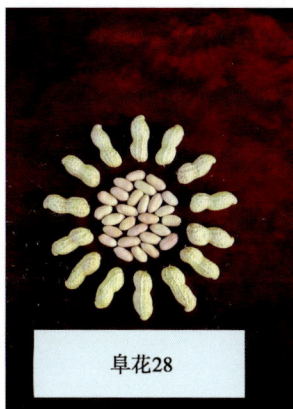

图 2-21　阜花 28 子仁　　图 2-22　阜花 28 植株

产量表现：荚果第 1 生长周期亩产 292.11 kg，比对照阜花 12 号增产 10.67%；第 2 生长周期亩产 275.19 kg，比对照阜花 12 号增产 7.87%。子仁第 1 生长周期亩产 195.72 kg，比对照阜花 12 号增产 6.43%；第 2 生长周期亩产 182.45 kg，比对照阜花 12 号增产 6.26%。

（六）阜花 29

育成单位：辽宁省沙地治理与利用研究所

亲本来源：9658-2×404

审定情况：农业农村部非主要农作物品种登记 GPD 花生
（2019）210190。

特征特性：该品种为红色种皮的珍珠豆型花生（如图 2-23
所示），平均生育期 123.3 d。连续开花，叶片长椭圆形，株型直
立（如图 2-24 所示），叶色为中，花色黄色。荚果缩缢程度弱、
果嘴明显程度弱，表面质地粗糙。种皮颜色数量单色，红色，种
皮内表皮颜色浅黄，子仁椭圆形，种皮无裂纹，种子休眠性强，
抗旱性强。主茎高 42.6 cm，侧枝长 46.9 cm，分枝数 8.4 条，单
株结果数 19.9 个，单株产量 20.7 g，百果重 180.4 g，百仁重
68.5 g，出仁率 66.4%。花生相对褐斑病系数为 0.84，抗病指数
为 HR；相对网斑病系数为 0.35，抗病指数为 S；相对抗根腐病
系数与相对白绢病系数为 1 级。

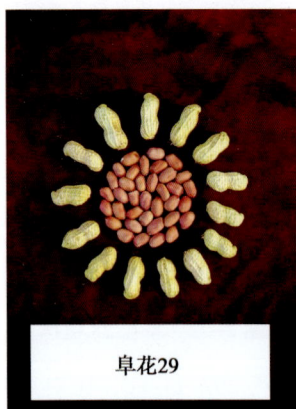

图 2-23　阜花 29 子仁　　　图 2-24　阜花 29 植株

产量表现：荚果第 1 生长周期亩产 294.49 kg，比对照阜花
12 号增产 12.78%；第 2 生长周期亩产 271.8 kg，比对照阜花 12
号增产 6.54%。子仁第 1 生长周期亩产 206.27 kg，比对照阜花
12 号增产 13.4%；第 2 生长周期亩产 180.51 kg，比对照阜花 12

号增产 5.13%。

（七）阜花 30

育成单位：辽宁省沙地治理与利用研究所

亲本来源：冀花 4 号×丰花 2 号

审定情况：农业农村部非主要农作物品种登记 GPD 花生（2019）210260。

特征特性：该品种为珍珠豆型花生（如图 2-25 所示），平均生育期 120.8 d。连续开花，叶片椭圆形，株型直立（如图 2-26 所示），叶色为深绿，花色黄色。荚果缩缢程度中、果嘴明显程度中，表面质地为中。种皮颜色数量单色，浅红，种皮内表皮颜色浅黄，子仁柱形，种皮无裂纹，种子休眠性强，抗旱性中。主茎高 30.8 cm，侧枝长 33.1 cm，分枝数 6.7 条，单株结果数 12.7 个，单株产量 14.2 g，百果重 145.6 g，百仁重 65.4 g，出仁率 71.4%。

图 2-25　阜花 30 结果状　　图 2-26　阜花 30 植株

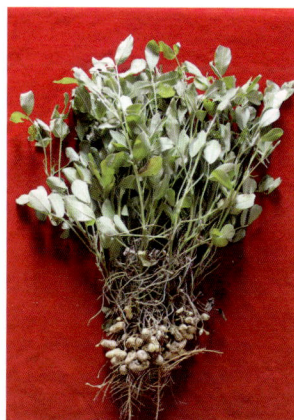

产量表现：荚果第 1 生长周期亩产 264.05 kg，比对照阜花 12 号增产 12.5%；第 2 生长周期亩产 258.0 kg，比对照阜花 12

号增产 11.9%。子仁第 1 生长周期亩产 195.11 kg，比对照阜花
12 号增产 15.1%；第 2 生长周期亩产 184.8 kg，比对照阜花 12
号增产 18.6%。

（八）阜花 33

育成单位：辽宁省沙地治理与利用研究所

亲本来源：阜 47-1×CTWE

审定情况：农业农村部非主要农作物品种登记 GPD 花生
（2021）210110。

特征特性：该品种为珍珠豆型花生（如图 2-27 所示），平均
生育期 126.1 d。连续开花，叶片长椭圆形，株型直立（如图 2-
28 所示），叶色为中，花色黄色。荚果缩缢程度中、果嘴明显程
度弱，表面质地为中。种皮颜色数量单色，浅褐色，种皮内表皮
颜色浅黄，子仁柱形，种皮无裂纹，种子休眠性强。抗旱性强；
主茎高 31.4 cm，侧枝长 34.4 cm，分枝数 8.3 条，单株结果数
18.2 个，单株产量 20.4 g，百果重 151.0 g，百仁重 59.6 g，出仁
率 67.5%。2019 年，经农业农村部油料及制品质量监督检验测试中
心（武汉）检测，粗脂肪质量分数 47.54%，粗蛋白质量分数 26.6%，
油酸质量分数 76.2%，亚油酸质量分数 6.5%，油亚比 11.72。

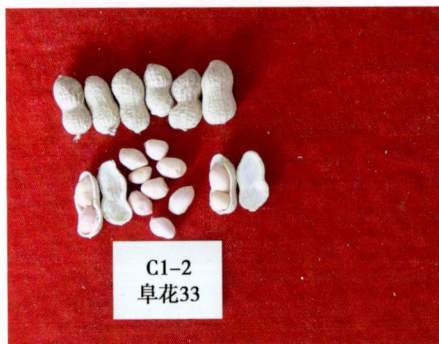

图 2-27　阜花 33 子仁　　　图 2-28　阜花 33 植株

产量表现：荚果第 1 生长周期亩产 236.21 kg，比对照锦花 15 号增产 3.73%；第 2 生长周期亩产 230.95 kg，比对照锦花 15 号增产 3.80%。子仁第 1 生长周期亩产 160.34 kg，与对照锦花 15 号平产；第 2 生长周期亩产 154.92 kg，比对照锦花 15 号增产 1.35%。

（九）阜花 34

育成单位：辽宁省沙地治理与利用研究所

亲本来源：远杂 9102×豫花 9626

审定情况：农业农村部非主要农作物品种登记 GPD 花生 （2023）210037。

特征特性：该品种为珍珠豆型花生（如图 2-29 所示），平均生育期 115 d。连续开花，叶片长椭圆形，株型直立（如图 2-30 所示），叶色为深绿，花色黄色。荚果缩缢程度中、果嘴明显程度中，表面质地为中。种皮颜色数量单色，种皮内表皮颜色浅褐色，子仁椭圆形，种皮无裂纹，种子休眠性强，抗旱性中。主茎高 47.0 cm，侧枝长 46.1 cm，分枝数 6.7 条，单株结果数 18.3 个，单株产量 26.2 g，百果重 198.6 g，百仁重 70 g，出仁率 71.4%。2020 年，经农业农村部油料及制品质量监督检验测试中心（武汉）检测，粗脂肪质量分数 49.5%，粗蛋白质量分数 23.8%，油酸质量分数 38.8%，亚油酸质量分数 39.2%，油亚比 0.99。

产量表现：荚果第 1 生长周期亩产 294.70 kg，比对照锦花 15 号增产 22.02%，位居参试品种首位；第 2 生长周期亩产 302.91 kg，比对照锦花 15 号增产 13.62%，位居参试品种第 2 位。子仁第 1 生长周期亩产 195.47 kg，比对照锦花 15 号增产 18.74%，位居参试品种首位；第 2 生长周期亩产 202.09 kg，比对照锦花 15 号增产 9.59%，位居参试品种第 2 位。

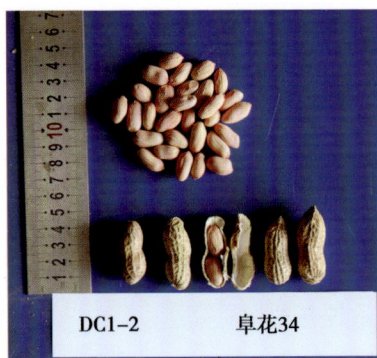

图 2-29 阜花 34 子仁　　　图 2-30 阜花 34 植株

（十）阜花 35

育成单位：辽宁省沙地治理与利用研究所

亲本来源：ASP 选栽×CTWE

审定情况：农业农村部非主要农作物品种登记 GPD 花生（2023）210036。

特征特性：该品种为珍珠豆型花生（如图 2-31 所示），平均生育期 124.4 d。连续开花，叶片椭圆形，株型直立（如图 2-32 所示），叶色为深绿，花色黄色。荚果缩缢程度弱、果嘴明显程度弱，表面质地为中。种皮颜色数量单色，浅粉，种皮内表皮颜色浅黄色，子仁柱形，种皮无裂纹，种子休眠性强，抗旱性强。主茎高 29.6 cm，侧枝长 33.0 cm，分枝数 6.6 条，单株结果数 16.6 个，单株产量 17.8 g，百果重 153.9 g，百仁重 63.2 g，出仁率 69.4%。2019 年，经农业农村部油料及制品质量监督检验测试中心（武汉）检测，粗脂肪质量分数 49.55%，粗蛋白质量分数 25.5%，油酸质量分数 77.9%，亚油酸质量分数 5.62%，油亚比 13.86。

图 2-31 阜花 35 子仁　　　　图 2-32 阜花 35 植株

产量表现：荚果第 1 生长周期亩产 235.16 kg，比对照阜花 12 号增产 10.56%；第 2 生长周期亩产 268.67 kg，比对照阜花 12 号增产 10.86%。子仁第 1 生长周期亩产 161.93 kg，比对照阜花 12 号增产 8.85%；第 2 生长周期亩产 187.68 kg，比对照阜花 12 号增产 10.11%。

（十一）阜花 36

育成单位：辽宁省沙地治理与利用研究所

亲本来源：ASP 直立×CTWE

审定情况：农业农村部非主要农作物品种登记 GPD 花生（2021）210111。

特征特性：该品种为珍珠豆型花生（如图 2-33 所示），平均生育期 126.4 d。连续开花，叶片椭圆形，株型直立（如图 2-34 所示），叶色为中，花色黄色。荚果缩缢程度弱、果嘴明显程度弱，表面质地为中。种皮颜色数量单色，粉色，种皮内表皮颜色浅黄，子仁柱形，种皮无裂纹，种子休眠性强，抗旱性强。主茎高 25.4 cm，侧枝长 34.2 cm，分枝数 9.1 条，单株结果数 13.8 个，单株产量 13.8 g，百果重 162.6 g，百仁重 66.6 g，出仁率 70.0%。荚果美观，子仁光滑，适口性好。经农业农村部油料及制品质量监督检验测试中心（武汉）检测，粗脂肪质量分数48.42%，粗蛋白质量分数23.8%，油酸质量分数78.9%，亚油酸质量分数5.11%，油亚比15.44。

图2-33　阜花36子仁

图2-34　阜花36植株

产量表现：荚果第1生长周期亩产301.46 kg，比对照冀花11号增产9.10%；第2生长周期亩产331.16 kg，比对照冀花11号增产8.68%。子仁第1生长周期亩产227.27 kg，比对照冀花11号增产12.47%；第2生长周期亩产243.88 kg，比对照冀花11号增产9.03%。

该品种由辽宁省农业农村厅办公室推介为2024年度辽宁农业主导品种。

（十二）阜花 37

育成单位：辽宁省沙地治理与利用研究所

亲本来源：阜选 C5×CTWE

审定情况：农业农村部非主要农作物品种登记 GPD 花生（2023）210127。

特征特性：该品种为珍珠豆型花生（如图 2-35 所示），平均生育期 113.6 d。连续开花，叶片长椭圆形，株型直立（如图 2-36 所示），叶色为浅绿，花色黄色。荚果缩缢程度中、果嘴明显程度弱，表面质地为中。种皮颜色数量单色，浅褐色，种皮内表皮颜色浅黄色，子仁柱形，种皮无裂纹，种子休眠性强，抗旱性中。主茎高 37.1 cm，侧枝长 38.3 cm，分枝数 8.2 条，单株结果数 23.4 个，单株产量 25.5 g，百果重 141.2 g，百仁重 59.6 g，出仁率 70.2%。经农业农村部油料及制品质量监督检验测试中心（武汉）检测，粗脂肪质量分数 52.64%，粗蛋白质量分数 21.4%，油酸质量分数 80.2%，亚油酸质量分数 4.67%，油亚比 17.17。

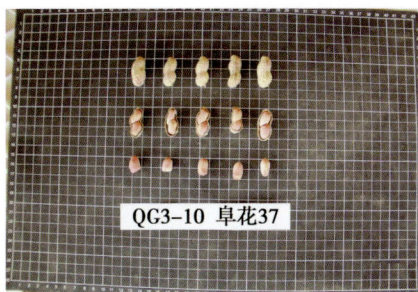

图 2-35　阜花 37 子仁　　　图 2-36　阜花 37 植株

产量表现：荚果第 1 生长周期亩产 292.57 kg，比对照锦花 15 号增产 6.59%；第 2 生长周期亩产 276.58 kg，比对照锦花 15 号增产 9.44%。子仁第 1 生长周期亩产 205.72 kg，比对照锦花 15 号增产 6.14%；第 2 生长周期亩产 191.22 kg，比对照锦花 15

号增产 5.55%。

（十三）阜花 38

育成单位：辽宁省沙地治理与利用研究所

亲本来源：阜花 12 号诱变获得

审定情况：农业农村部非主要农作物品种登记 GPD 花生（2023）210035。

特征特性：该品种为珍珠豆型花生（如图 2-37 所示），平均生育期 124.4 d，生育期 122.8 d。株型直立（如图 2-38 所示），主茎高 31.8 cm，侧枝长 34.3 cm，总分枝 7.1 条，结果枝 6 条，单株饱果数 15 个。叶片中绿，椭圆形，叶片中。荚果茧形，果嘴明显程度无，荚果表面质地中，缩缢程度弱。百果重 170.8 g，饱果率 85%。子仁球形，种皮浅褐色，内种皮白色，百仁重 72.7 g，出仁率 71.8%。2020 年，经农业农村部油料及制品质量监督检验测试中心（武汉）检测，粗脂肪质量分数 51.76%，粗蛋白质量分数 25.2%，油酸质量分数 78.8%，亚油酸质量分数 5.39%，油亚比 14.62。

图 2-37　阜花 38 荚果　　　图 2-38　阜花 38 植株

产量表现：荚果第 1 生长周期亩产 267.14 kg，比对照阜花 12 号增产 3.67%；第 2 生长周期亩产 257.59 kg，比对照阜花 12

号增产 5.48%。子仁第 1 生长周期亩产 191.42 kg，与对照阜花
12 号增产 7.97%；第 2 生长周期亩产 190.41kg，比对照阜花 12
号增产 13.19%。

（十四）阜花 39

育成单位：辽宁省沙地治理与利用研究所

亲本来源：阜花 12×HnFxP-4

审定情况：农业农村部非主要农作物品种登记 GPD 花生
（2024）210025。

特征特性：该品种为珍珠豆型花生（如图 2-39 所示），平均
生育期 123.4 d。连续开花，叶片倒卵形，株型直立（如图 2-40
所示），叶色为中，花色黄色。荚果缩缢程度弱、果嘴明显程度
弱，表面质地为中。种皮颜色数量单色，浅褐色，种皮内表皮颜
色白，子仁柱形，种皮无裂纹，种子休眠性强，抗旱性中。主茎
高 36.9 cm，侧枝长 39.3 cm，分枝数 7.4 条，单株结果数 18.3 个，
单株产量 19.6 g，百果重 181.8 g，百仁重 73.9 g，出仁率
72.2%。

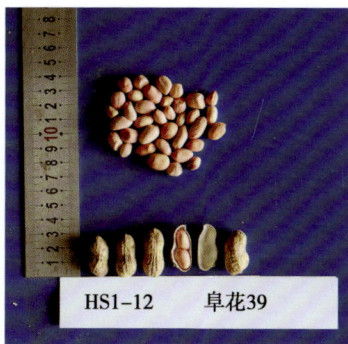

图 2-39　阜花 39 子仁　　　　图 2-40　阜花 39 植株

产量表现：荚果第 1 生长周期亩产 276.16 kg，比对照阜花
12 号增产 7.16%；第 2 生长周期亩产 243.23 kg，与对照阜花 12

号平产。子仁第 1 生长周期亩产 197.78 kg，比对照阜花 12 号增产 11.55%；第 2 生长周期亩产 175.82 kg，比对照阜花 12 号增产 2.99%。

（十五）辽花 608

育成单位：辽宁省沙地治理与利用研究所

亲本来源：阜选 9624×CTWE

审定情况：农业农村部非主要农作物品种登记 GPD 花生（2023）210129。

特征特性：该品种为珍珠豆型花生（如图 2-41 所示），平均生育期 115.5 d。连续开花，叶片长椭圆形，株型直立（如图 2-42 所示），叶色为浅绿，花色黄色。荚果缩缢程度中、果嘴明显程度弱，表面质地为中。种皮颜色数量单色，浅褐色，种皮内表皮颜色浅黄色，子仁椭圆形，种皮无裂纹，种子休眠性强，抗旱性中。主茎高 43.1 cm，侧枝长 43.8 cm，分枝数 8.9 条，单株结果数 24.6 个，单株产量 23.6 g，百果重 131.9 g，百仁重 57.6 g，出仁率 71.0%。经农业农村部及制品质量监督检验测试中心（武汉）检测，含油量 52.44%，蛋白质质量分数 22.1%，油酸质量分数 77.4%，亚油酸质量分数 6.18%，油亚比 12.52。

图 2-41　辽花 608 子仁　　　　图 2-42　辽花 608 植株

产量表现：荚果第 1 生长周期亩产 296.33 kg，比对照锦花 15 号增产 10.12%；第 2 生长周期亩产 265.56 kg，比对照锦花 15 号增产 4.56%。子仁第 1 生长周期亩产 209.35 kg，比对照锦花 15 号增产 9.55%；第 2 生长周期亩产 185.14 kg，比对照锦花 15 号增产 3.08%。

该品种由辽宁省农业农村厅办公室推介为 2024 年度辽宁农业主导品种。

（十六）辽花 917

育成单位：辽宁省沙地治理与利用研究所

亲本来源：阜选 006×CTWE

审定情况：农业农村部非主要农作物品种登记 GPD 花生（2023）210128。

特征特性：该品种为珍珠豆型花生（如图 2-43 所示），平均生育期 112.6 d。连续开花，叶片椭圆形，株型直立（如图 2-44 所示），叶色为浅绿，花色黄色。荚果缩缢程度弱、果嘴明显程度弱，表面质地为中。种皮颜色数量单色，浅褐色，种皮内表皮颜色深黄色，子仁椭圆形，种皮无裂纹，种子休眠性强，抗旱性中。主茎高 44.4 cm，侧枝长 45.9 cm，分枝数 8.8 条，单株结果数 20.8 个，单株产量 25.5 g，百果重 175.6 g，百仁重 74.6 g，出仁率 71.3%。经农业农村部及制品质量监督检验测试中心（武汉）检测，含油量 52.44%，蛋白质质量分数 22.1%，油酸质量分数 79.2%，亚油酸质量分数 4.46%，油亚比 17.76。

产量表现：荚果第 1 生长周期亩产 294.10 kg，比对照锦花 15 号增产 7.14%；第 2 生长周期亩产 278.49 kg，比对照锦花 15 号增产 10.20%。子仁第 1 生长周期亩产 209.59 kg，比对照锦花 15 号增产 8.14%；第 2 生长周期亩产 200.04 kg，比对照锦花 15 号增产 10.42%。

图 2-43 辽花 917 子仁

图 2-44 辽花 917 植株

(十七）锦花 15 号

育成单位：锦州市农业科学院

亲本来源：S2×051

审定情况：国家鉴定，鉴定编号：国品鉴花生 2012012。

特征特性：株型直立，连续开花（如图 2-45 所示），株高 35.6 cm，侧枝长 39.4 cm，总分枝数 7.0 条，结果枝数 6.0 条。叶片椭圆形，黄绿色。花橘黄色。荚果茧形，网纹浅，以 2 粒荚果为主，子仁饱满，子仁桃圆形，种皮淡红色，无油斑，无裂纹，千克果数 733 个，千克仁数 1567 个，百果重 180.6 g，百仁重 73.0 g，出米率 73.36%。子仁粗脂肪质量分数 53.27%，粗蛋白质量分数 25.41%，油酸质量分数 38.35%，亚油酸质量分数 38.50%，油亚比 1.00。种子休眠性中等，抗旱性中等，该品种适宜在我国北方地区花生产区种植。

产量表现：参加国家北方片生产试验，锦花 15 号荚果平均亩产 227.96 kg，子仁平均亩产 167.22 kg，分别比对照种花育 20 号增产 7.11% 和 7.99%。

图 2-45 锦花 15 号植株

（十八）锦花 28

育成单位：锦州市农业科学院

亲本来源：冀 02-6×唐花 11

审定情况：2024 年通过国家登记，登记编号：GPD 花生
（2024）210023。

特征特性：油食兼用类型品种。珍珠豆型（如图 2-46 所
示）。生育期 114 d。株型直立（如图 2-47 所示），主茎高 36.20 cm，
侧枝长 39.20 cm，总分枝数 7.2 条，结果枝数 7.0 条，单株饱果
数 14.7 个。叶片中绿，倒卵形，叶片中等大小。连续开花，花
黄色。荚果普通形，果嘴明显程度中，荚果表面质地中，缩缢程
度中。百果重 179.70 g，饱果率 81.22%。子仁柱形，种皮浅红
色，内种皮白色，百仁重 71.90 g，出仁率 68.00%。子仁含油量
48.28%，蛋白质质量分数 25.40%，油酸质量分数 35.30%，亚油
酸质量分数 43.00%。中抗青枯病，抗叶斑病，中抗锈病，中抗
花生网斑病。适宜在辽宁铁岭、锦州、阜新、沈阳，吉林白城、
公主岭、扶余、双辽，内蒙古赤峰、通辽，黑龙江第一积温带地

区哈尔滨、肇源春播种植。

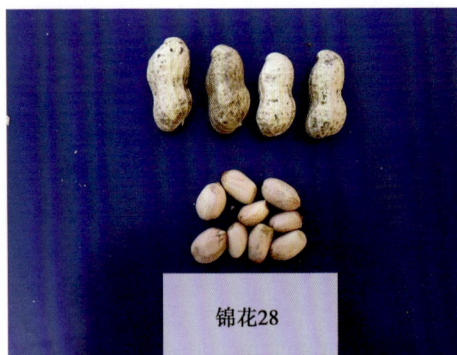

图 2-46　锦花 28 子仁　　　图 2-47　锦花 28 植株

产量表现：2 年参加锦州市农业科学院花生品种比较试验，荚果第 1 生长周期亩产 277.3 kg，比对照锦花 15 号增产 14.18%；第 2 生长周期亩产 303.0 kg，比对照锦花 15 号增产 13.67%。子仁第 1 生长周期亩产 189.1 kg，比对照锦花 15 号增产 12.93%；第 2 生长周期亩产 201.8 kg，比对照锦花 15 号增产 9.43%。

（十九）锦花 29

育成单位：锦州市农业科学院

亲本来源：PC 品系×莱农 26

审定情况：2024 年通过国家登记，登记编号：GPD 花生（2024）210024。

特征特性：油食兼用类型品种。珍珠豆型（如图 2-48 所示）。生育期 125 d。株型直立（如图 2-49 所示），主茎高 33.20 cm，侧枝长 36.90 cm，总分枝数 7.3 条，结果枝数 8.0 条，单株饱果数 13.1 个。叶片浅绿，倒卵形，叶片中等大小。荚果普通形，果嘴明显程度中，荚果表面质地中，缩缢程度弱。百果重 162.20 g，饱果率 87.90%。子仁球形，种皮浅红色，内种皮浅黄色，百仁重 61.90 g，出仁率 72.20%。子仁含油量 50.34%，蛋白质质量分数 26.20%，油酸质量分数 38.80%，亚油酸质量分数 38.70%。中抗青枯病，高抗花生叶斑病，中抗锈病，高抗网斑病。适宜在辽宁葫芦岛、锦州、阜新、铁岭花生产区春播种植。

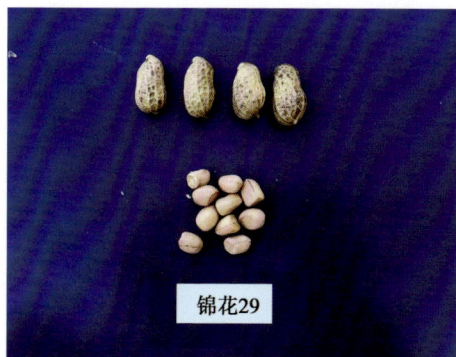

图 2-48　锦花 29 子仁　　　　图 2-49　锦花 29 植株

产量表现：荚果第 1 生长周期亩产 274.1 kg，比对照阜花 12 号增产 12.32%；第 2 生长周期亩产 280.2 kg，比对照阜花 12 号增产 8.72%。子仁第 1 生长周期亩产 191.1 kg，比对照阜花 12 号增产 13.67%；第 2 生长周期亩产 195.5 kg，比对照阜花 12 号增产 10.24%。

（二十）锦花 31

育成单位：锦州市农业科学院

亲本来源：维花 9 号×吉花 03-13

审定情况：2024 年通过国家登记，登记编号：GPD 花生（2024）210052。

特征特性：油食兼用类型品种。珍珠豆型（如图 2-50 所示）。连续开花，叶片倒卵形，株型直立（如图 2-51 所示），花黄色。荚果缩缢程度弱，果嘴明显程度中，荚果表面质地中。种皮浅红色，种皮内表皮深黄色，子仁柱形，种皮无裂纹，种子休眠性中，抗旱性中。主茎高 32.20 cm，侧枝长 34.40 cm，分枝数 7.1 条，单株结果数 17.4 个，单株产量 17.70 g，百果重 173.70 g，百仁重 69.80 g，出仁率 72.00%。子仁含油量 50.78%，蛋白质质量分数 24.40%，油酸质量分数 38.60%，亚油酸质量分数 39.30%。中抗青枯病，高抗叶斑病，中抗锈病，高抗花生网斑病。适宜在东北花生产区辽宁兴城、铁岭、锦州、阜新、大连、昌图，吉林白城、公主岭、扶余、双辽，内蒙古东部（10 ℃及以上积温大于 2800 ℃）赤峰、通辽，黑龙江第一积温带地区哈尔滨、肇源、泰来春播种植。

图 2-50　锦花 31 子仁　　　　图 2-51　锦花 31 植株

产量表现：荚果第 1 生长周期亩产 247.2 kg，比对照锦花 15 号增产 5.77%；第 2 生长周期亩产 250.1 kg，比对照锦花 15 号增产 11.24%。子仁第 1 生长周期亩产 177.5 kg，比对照锦花 15 号增产 7.70%；第 2 生长周期亩产 173.4 kg，比对照锦花 15 号增产 12.28%。

（二十一）铁引花 1 号

育成单位：铁岭市农业科学院

亲本来源：山东省潍坊市农业科学院引进的潍花 8 号

审定情况：2005 年辽宁省备案。

特征特性：该品种属普通型中熟大花生（如图 2-52 所示）。生育期 135 d，主茎高 45.7 cm，侧枝长 46.8 cm。总分枝数 8.0 条，分枝粗壮，叶色深绿（如图 2-53 所示）。出苗整齐，生长稳健，抗倒性强，开花早、结实性好。结果集中，整齐饱满，双仁饱果率高，果柄短、易收刨。荚果普通形，子仁椭圆形、粉红色，500 g 果数 358.0 个，百果重 168.0 g，百仁重 80.2 g，出仁率 73.0%，单株产量 21.3 g。统一取样（风干样品）经农业部（现农业农村部）食品监督检验测试中心（济南）测定品质，脂肪质量分数 47.5%、蛋白质质量分数 23.2%、油酸质量分数 50.49%、亚油酸质量分数 31.53%，油亚比 1.60。

产量表现：2003—2004 年，在铁岭市农业科学院、铁岭县、西丰县、昌图县等共设 7 个试验点次，参试品种 12 个，以白沙 1016 为对照。7 个点次的试验结果如下，铁引花 1 号平均亩产 365.5 kg，比对照白沙 1016 增产 40.4%，居 12 个参试品种第 1 位。

图 2-52　铁引花 1 号子仁　　　　图 2-53　铁引花 1 号植株

（二十二）铁引花 2 号

育成单位：铁岭市农业科学院

亲本来源：从河南省农业科学院引进的远杂 9102

审定情况：2002 年底引入，2004—2005 年田间鉴定，2006 年辽宁省备案。

特征特性：该品种属珍珠豆型花生品种（如图 2-54 所示）。直立疏枝，连续开花，主茎高 48.8 cm，侧枝长 53.4 cm，总分枝数 8.8 条，结果枝数 6.3 条。叶片微皱，绿色，宽椭圆形，中大。荚果茧形，果嘴钝，网纹细深，子仁种皮紫色，有光泽，球形，无裂纹。单株结果数 22 个，单株产量 20 g。500 g 果数 473 个，百果重 150 g，百仁重 70 g，出仁率 74.0%。统一取样（风干样品）经农业部（现农业农村部）食品监督检验测试中心（济南）测定品质，子仁粗脂肪质量分数 52.89%，粗蛋白质量分数 27.49%。

产量表现：2004—2005 年对当选的 022-1 进行品种比较试验，该品种平均亩产 253.9 kg，比对照白沙 1016 增产 5.1%。2005—2006 年，在铁岭县、昌图县、彰武县等地区进行多点试验，2005 年多点试验平均亩产为 239.7 kg，比对照白沙 1016 增产 4.2%。2006 年在铁岭、葫芦岛、锦州进行 6 点次多点试验，平均亩产荚果 263.9 kg，比当地主栽品种白沙 1016 增产 6.7%。

图 2-54　铁引花 2 号结果状

（二十三）铁花 11 号

育成单位：铁岭市农业科学院

亲本来源：白沙 1016×远杂 9102

审定情况：2014 年辽宁省备案。

特征特性：该品种平均生育期 117 d，主茎高 37.1 cm，总分枝数 7.5 条，结果枝数 5.6 条，单株结果数 25.2 个，百果重 166.71 g，百仁重 71.22 g，出仁率 74.54%。仁皮粉红色（如图 2-55 所示）。株型直立，叶片椭圆形，叶色绿，结果较集中（如图 2-56 所示）。荚果茧形，子仁桃圆形。丰产性好，苗势强，抗倒、抗旱、耐涝、耐瘠薄。统一取样（风干样品）经农业部（现农业农村部）食品监督检验测试中心（济南）测定品质，脂肪质量分数 49.24%、蛋白质质量分数 25.7%、油酸质量分数 38.6%、亚油酸质量分数 39.8%。

图 2-55 铁花 11 号子仁　　图 2-56 铁花 11 号植株

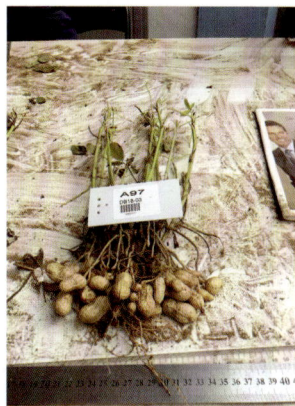

产量表现：2017 年参加区域试验，13 个试点，荚果平均亩产 287.99 kg，子仁平均亩产 208.71 kg，分别居参试品种的第 13 位和第 10 位，分别比对照阜花 12 号增产 9.44% 和 13.49%。2018 年参加区域试验，15 个试点，荚果平均亩产 270.00 kg，子仁平

均亩产 187.23 kg，分别居参试品种的第 6 位和第 3 位，分别比对照阜花 12 号增产 5.84% 和 9.05%。

（二十四）铁花 12 号

育成单位：铁岭市农业科学院

亲本来源：白沙 1016×鲁花 15 号

审定情况：2014 年辽宁省备案。

特征特性：平均生育期 117 d，丰产性好，苗势强，抗倒、抗旱、耐涝、耐瘠薄。主茎高 37.8 cm，总分枝数 6.3 条，结果枝数 4.5 条，单株结果数 15.5 个，仁皮粉白色（如图 2-57 所示），百果重 168.60 g，百仁重 69.24 g，出仁率 72.23%。株型直立，叶片绿色，椭圆形，中大（如图 2-58 所示）。结果较集中。荚果茧形，子仁桃圆形、椭圆形，种皮粉白。统一取样（风干样品）经农业部（现农业农村部）食品监督检验测试中心（济南）测定品质，脂肪质量分数 49.55%、蛋白质质量分数 26.3%、油酸质量分数 37.8%、亚油酸质量分数 40.9%。

产量表现：在 2014 年辽宁省杂粮备案品种试验中，平均亩产 283.25 kg，居第 6 位，比对照白沙 1016 增产 6.71%。

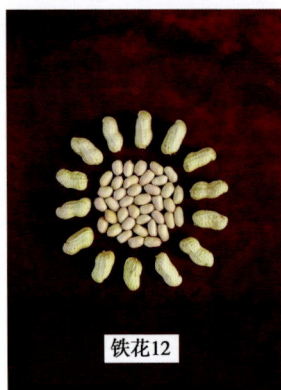

图 2-57　铁花 12 号子仁　　　图 2-58　铁花 12 号植株

（二十五）铁花 16 号

育成单位：铁岭市农业科学院

亲本来源：远杂 9102×扒拉棵

审定情况：2017—2018 年参加国家东北区域试验。

特征特性：连续开花，叶片椭圆形，株型直立，叶色为中，花色黄色。荚果缩缢程度弱、果嘴明显程度弱，表面质地为中。种皮颜色数量单色，浅褐色，种皮内表皮颜色浅黄，子仁柱形，种皮无裂纹，种子休眠性强，抗旱性强。主茎高 35.1 cm，侧枝长 37.6 cm，分枝数 6.6 条，单株结果数 15.2 个，单株产量 18.9 g，百果重 163.3 g，百仁重 65.3 g，出仁率 71.0%。2018 年，经农业农村部油料及制品质量监督检验测试中心（武汉）检测，粗脂肪质量分数 48.64%，粗蛋白质量分数 28.8%，油酸质量分数 41.3%，亚油酸质量分数 37.1%，油亚比 1.11。种子休眠性弱、抗旱性强，叶斑病属于中抗。

产量表现：2018 年参加区域试验，15 个试点，荚果平均亩产 274.45 kg，子仁平均亩产 192.67 kg，分别居参试品种的第 5 位和第 4 位，分别比对照锦花 15 号增产 7.73% 和 8.82%。2019 年参加生产试验，11 个试点，荚果平均亩产 245.09 kg，子仁平均亩产 173.87 kg，分别居参试品种的第 7 位和第 4 位，分别比对照锦花 15 号增产 7.59% 和 5.44%。

（二十六）铁花 17

育成单位：铁岭市农业科学院

亲本来源：A825×TY226

审定情况：2017—2018 年参加辽宁省区域试验。

特征特性：连续开花，叶片椭圆形，株型直立，叶色为中，花色黄色。荚果缩缢程度中、果嘴明显程度弱，表面质地为中（如图 2-59 所示）。种皮颜色数量单色，浅褐色，种皮内表皮颜色浅黄，子仁椭圆形，种皮无裂纹，种子休眠性强，抗旱性中。主茎高 37.1 cm，侧枝长 42.4 cm，有效分枝数 5.9 条，单株结果数 17.5 个，单株产量 22 g，百果重 202.6 g，百仁重 79.9 g，出仁率 72.7%（如图 2-60 所示）。2018 年，经农业农村部油料及制品质量监督检验测试中心（武汉）检测，粗脂肪质量分数 49.52%，粗蛋白质量分数 24.4%，油酸质量分数 48%，亚油酸质量分数 33.6%，油亚比 1.426。种子休眠性弱、抗旱性强，叶斑病属于中抗。

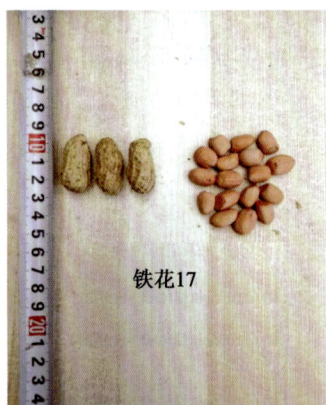

图 2-59　铁花 17 子仁　　　图 2-60　铁花 17 植株

产量表现：2017 年参加区域试验，6 个试点，荚果平均亩产 333.06 kg，子仁平均亩产 239.45 kg，分别居参试品种的第 4 位和第 3 位，分别比对照白沙 17 增产 9.6% 和 13.2%。2018 年参加生产试验，5 个试点，荚果平均亩产 316.57 kg，子仁平均亩产 229.55 kg，分别居参试品种的第 2 位和第 1 位，分别比对照白沙 17 增产 13.2% 和 26.6%。

（二十七）铁花 18

育成单位：铁岭市农业科学院

亲本来源：铁花 3 号×TY44

审定情况：2017—2018 年参加辽宁省区域试验。

特征特性：连续开花，叶片倒卵形，株型直立，叶色为深绿，花色黄色。荚果缩缢程度中、果嘴明显程度中，表面质地为中。种皮颜色数量单色，浅红，种皮内表皮颜色白色，子仁柱形，种皮无裂纹，种子休眠性强，抗旱性中。主茎高 35.4 cm，侧枝长 39.6 cm，分枝数 6.7 条，单株结果数 13.6 个，单株产量 16.9 g，百果重 169 g，百仁重 67.7 g，出仁率 66.7%。2018 年，经农业农村部油料及制品质量监督检验测试中心（武汉）检测，粗脂肪质量分数 48.8%，粗蛋白质量分数 25.8%，油酸质量分数 40.4%，亚油酸质量分数 39.3%，油亚比 1.027。种子休眠性弱、抗旱性强，叶斑病属于中抗。

产量表现：2017 年参加区域试验，6 个试点，荚果平均亩产 317.08 kg，子仁平均亩产 222.19 kg，分别居参试品种的第 1 位和第 9 位，分别比对照白沙 1016 增产 13.0%和 9.61%。2018 年参加生产试验，5 个试点，荚果平均亩产 268.3 kg，子仁平均亩产 180.3 kg，分别居参试品种的第 4 位和第 7 位，分别比对照白沙 17 增产 14.3%和 12.8%。

（二十八）玉宝 4 号

育成单位：辽宁玉宝农业科技有限公司

亲本来源：阜花 11 号×花育 20 号

审定情况：2018 年通过国家鉴定，登记编号：GPD 花生（2018）210277。

特征特性：珍珠豆型（如图 2-61 所示）。油食兼用。玉宝 4 号为连续开花直立珍珠豆型早熟花生（如图 2-62 所示），全生育期 125 d 左右。株型直立、紧凑，长势强，整齐一致，根系发达，适应性强（如图 2-63 所示）。一般株高 46.7 cm，侧枝长 52.3 cm，分枝数 8.7 条，叶片绿色。单株结果数 18.3 个，单株产量 18 g，百果重 199.08 g，百仁重 79.75 g，出仁率 74.2%。荚果蜂腰形、2 粒荚，子仁椭圆形、饱满、种皮粉红色。子仁含油量 52.31%，蛋白质质量分数 27.75%，油酸质量分数 41.8%，子仁亚油酸质量分数 37.7%。中抗叶斑病。适宜在辽宁珍珠豆型品种适宜气候区种植。

产量表现：荚果第 1 生长周期亩产 287.7 kg，比对照白沙 1016 增产 20.6%；第 2 生长周期亩产 251.8kg，比对照白沙 17 增产 12.1%。子仁第 1 生长周期亩产 201.4 kg，比对照白沙 1016 增产 16.9%；第 2 生长周期亩产 186.8 kg，比对照白沙 17 增产 16.9%。

图 2-61　玉宝 4 号荚果　　图 2-62　玉宝 4 号子仁　　图 2-63　玉宝 4 号植株

（二十九）美联花 1 号

育成单位：辽宁正业种业有限公司

亲本来源：阜 9708-A× 桂花 26

审定情况：2017 年 11 月通过农业部备案登记。

特征特性：连续开花亚种珍珠豆型小粒花生，全生育期 126 d，为早熟种，需积温 3000～3200 ℃。株型直立、紧凑，长势强，抗倒伏，株系发达，抗旱、耐涝。株高 45.3 cm，侧枝长 50.8 cm，分支数 7 条，叶色绿色。单株结果数 11 个，单株产量 17.2 g，百果重 206.3 g，百仁重 78.4 g，出仁率 75.5%，荚果蚕茧形，2 粒荚、中等，子仁椭圆形，饱满，种皮粉红色。

产量表现：2 年参加辽宁省花生品种比较试验，平均荚果产量 142.65 kg，比对照品种白沙 1016 增产 23.8%，在市内多点生产试验比白沙 1016 增产 19.5%。

（三十）美联花 2 号

育成单位：辽宁正业种业有限公司

亲本来源：花育 16 号×阜 9658-2

审定情况：2017 年 11 月通过农业部备案登记。

特征特性：连续开花亚种珍珠豆型小粒花生，全生育期 126 d，为早熟种，需积温 3000~3200 ℃。株型直立、紧凑，长势强，抗倒伏，株系发达，抗旱、耐疾。株高 45.9 cm，侧枝长 50.4 cm，分支数 8 条，叶色绿色。单株结果数 12.6 个，单株产量 15.2 g，百果重 178.3 g，百仁重 68.4 g，出仁率 74.5%。荚果蚕茧形，2 粒荚、中等，子仁椭圆形，饱满，种皮粉红色。

产量表现：2 年参加辽宁省花生品种比较试验，平均荚果产量 142.65 kg，比对照品种白沙 1016 增产 15.8%，在市内多点生产试验比白沙 1016 增产 17.5%。

（三十一）农花 5 号

育成单位：沈阳农业大学农学院花生研究所

亲本及育种方法：2002 年从山东引进的花生杂交低世代（F3）材料中，经系谱法选育出来的花生新品种。

审定情况：2010 年辽宁省备案。

特征特性：株高 40.7 cm，分枝数 6 条，单株结果数 15 个。出仁率 73.2%，百果重 64.4 g。叶片倒卵形，叶色浓绿，花黄色。荚果普通形，网纹较浅，每荚果 2 粒，子仁椭圆形，种皮粉色。平均生育期 120 d，性状稳定，生长势强，耐瘠、抗旱、耐涝性强，较抗根茎腐病和多种叶部病害，适应性广。该品种口感极佳，商品性好，荚果整齐，粗脂肪质量分数 50.4% 左右，粗蛋白质量分数 24.7% 左右。

产量表现：2010 年参加品种备案试验，平均亩产 223.4 kg，居第 1 位，比对照品种白沙 1016 增产 21.9%，6 个试点都增产。

（三十二）农花 11 号

育成单位：沈阳农业大学农学院花生研究所

亲本及育种方法：以鲁花 15 号作母本、海花 1 号作父本杂交选育而成。

审定情况：2012 年辽宁省备案。

特征特性：株型直立，连续开花（主茎开花）。株高 48.3 cm，侧枝长 40 cm。总分枝 7~8 条，茎中粗，呈绿色。小叶片为椭圆形，浅绿色。花冠橙黄色，花小。单株结果数 16.6 个。荚果斧头形，以 2 粒荚果为主，子仁饱满，荚果蚕茧形，子仁为桃圆形，种皮粉红色，百果重 86.5 g，百仁重 62.05 g。出仁率 72.2%。粗脂肪质量分数 50.6%，粗蛋白质量分数 24.33%。

产量表现：2012 年参加品种备案试验，平均亩产 281.91 kg，比对照白沙 17 增产 5.0%。

（三十三）农花 13 号

育成单位：沈阳农业大学农学院花生研究所

亲本及育种方法：以 Matumoto 作母本、农花 2 号作父本，经杂交系选育而成。

审定情况：2012 年辽宁省备案。

特征特性：株型直立。株高 48.3 cm。总分枝 6 条。叶片形状长椭圆形，叶片大小中等，颜色浓绿色。单株结果数 20.4 个。荚果形状近普通形，网纹明显，果嘴微钝，种皮粉红色，结果较集中。百果重 98.1 g，百仁重 68.5 g，出仁率 69.8%。子仁脂肪质量分数 46.3%，蛋白质质量分数 24.1%。

产量表现：2012 年参加辽宁省区域试验，平均亩产 291.21 kg，单株结果数 20.4 个，出仁率 69.8%，百仁重 68.5 g，在参试的品种中居第 4 位，比对照白沙 17 增产 8.5%。

（三十四）农花 16 号

育成单位：沈阳农业大学农学院花生研究所

亲本及育种方法：以高产型 W2 为母本，以日本引进优质品系 Y4 为父本，利用人工杂交技术选育。

审定情况：2014 年辽宁省备案。

特征特性：株型直立，交替开花。株高 42.8 cm。总分枝数 6.5 条。叶片长椭圆形，叶片大小中等，成熟期叶片颜色浓绿色，结果较集中。单株结果数 27.1 个。荚果普通形，果腰不明显，果嘴明显，网纹明显。种皮浅粉色。百果重 135.78 g，百仁重 57.99 g，出仁率 72.56%。

产量表现：2014 年参加品种备案试验，平均亩产 310.00 kg，居第 1 位，比对照白沙 1016 增产 16.79%，增产极显著。

（三十五）农花 18 号

育成单位：沈阳农业大学农学院花生研究所

亲本及育种方法：选用中花 8 号为母本，以日本引进优质品系 Y14 为父本进行杂交。

审定情况：2015 年辽宁省备案。

特征特性：株型直立，交替开花。主茎高 36.2 cm，分枝 9 条左右。叶片长椭圆形，叶片大小中等，成熟期叶片颜色浓绿色，结果较集中（如图 2-64 所示）。花冠橙黄色，花小。单株结果数 15.9 个。荚果普通形，果腰不明显，果嘴明显，网纹明显。子仁椭圆形，中粒偏大，百果重 227.4 g，百仁重 90.8 g，出仁率 75.3%。种子含油率 55.37%，蛋白质质量分数 25.86%。

产量表现：2015 年参加品种备案试验，平均亩产 261.00 kg，比对照白沙 17 增产 6.7%。

图 2-64 农花 18 号植株　　图 2-65 农花 19 号植株

（三十六）农花 19 号

育成单位：沈阳农业大学农学院花生研究所

亲本及育种方法：2010 年选用从日本引进的优质品系 Y5 为母本，农花 5 号为父本，利用人工杂交技术选育。

审定情况：2015 年辽宁省备案。

特征特性：株型直立，交替开花。主茎高 35.1 cm。总分枝数 11.4 条，结果枝数 7.7 条。叶片长椭圆形，成熟期叶片颜色浓绿色，结果较集中（如图 2-65 所示）。花冠黄色，花小。单株结果数 20.9 个。荚果龙生形，果腰、果嘴明显，网纹明显，仁皮粉红色，百果重 206.19 g，百仁重 86.14 g，出仁率 71.9%。

产量表现：2015 年参加品种备案试验，平均亩产 263.28 kg，比对照白沙 17 增产 7.6%。

（三十七）连花 7 号

育成单位：大连市农业科学研究院

亲本及育种方法：以 79266 为母本、78212 为父本，经过有性杂交系统选育而成。

审定情况：2009 年辽宁省备案；2018 年农业农村部非主要农作物品种登记。

特征特性：属普通型早熟直立大花生，生育期 130 d 左右，疏枝型，株型直立，连续开花，小叶片为长椭圆形，叶色浓绿。株高 29.0 cm，侧枝长 33.2 cm，总分枝数 8 条左右，结果枝数 7.9 条，单株结果数 14.7 个。荚果普通形，双仁果多，子仁饱满，种皮浅红色，种皮内表面为金黄色。百果重 198.5 g，百仁重 86.8 g，出仁率 73.5%。粗脂肪质量分数 53.03%，粗蛋白质量分数 23.83%。

产量表现：3 年参加院内花生品种比较试验，平均亩产荚果 264.9 kg，子仁 175.5 kg，比对照鲁花 11 号荚果和子仁分别增产 16.64% 和 8.27%。2009 年参加辽宁省品种备案多点试验，平均亩产荚果 264.7 kg，比对照白沙 17 增产 17.0%。

（三十八）连花 8 号

育成单位：大连市农业科学研究院

亲本及育种方法：以濮花 9519 为母本、豫花 15 号为父本，利用有性杂交系统选育而成。

审定情况：2012 年辽宁省备案；2018 年农业农村部非主要农作物品种登记。

特征特性：属普通型直立大花生，连续开花，大连地区生育期 134 d 左右，小叶片为倒卵形，叶色浓绿，叶斑病轻，基本绿叶成熟。株高 43.1 cm，侧枝长 47.4 cm，总分枝数 6.7 条左右，结果枝数 7.2 条。荚果普通形，果嘴明显，网纹深，果大，仁大，双仁果多，子仁饱满，呈圆锥形，种皮有油斑无裂纹，种皮粉红色，种皮内表面为金黄色，米色好，商品性优。百果重232.6 g，百仁重 98.5 g，出仁率 73.8%。粗脂肪质量分数52.99%，粗蛋白质量分数 23.87%。

产量表现：3 年参加院内花生品种比较试验，亩产荚果281.8千克/亩，子仁 207.7 千克/亩，分别比对照花育 19 号增产21.41%和20.21%。2012 年参加辽宁省备案多点试验，平均亩产荚果 264.7 kg，比对照白沙 17 增产 17.0%，居所有参试品种第 1位，5 个试验点均增产。

（三十九）连花 10

育成单位：大连市农业科学研究院

亲本及育种方法：以连花 6 号为母本、豫 9634 号为父本，杂交选育而成。

审定情况：2018 年农业农村部非主要农作物品种登记。

特征特性：属普通型直立大花生，连续开花，生育期 130 d左右，小叶片为长椭圆形。株高 35.42 cm，侧枝长 40.33 cm，总分枝数 7.8 条左右，结果枝数 7.75 条。双仁果多，子仁饱满，种皮有油斑无裂纹，种皮浅红色，种皮内表面为金黄色，百果重225 g，百仁重 98.9 g，出仁率 73.49%，粗脂肪质量分数49.02%，粗蛋白质量分数 26.24%。

产量表现：2012—2015 年参加院内花生品种比较试验，该品种以花育 19 号为对照，平均亩产荚果 296.15 kg，比对照增产8.98%；以白沙 17 为对照，平均亩产 351.73 kg，比对照增产26.10%；以花育 33 号为对照，平均亩产 365.52 kg，比对照增产4.45%。2016 年参加辽宁省备案多点试验，平均亩产 267.44 kg，比对照白沙 17 增产 19.0%，居所有参试品种第 1 位，在 6 个试验点中全部增产。

（四十）玉宝308

育成单位：辽宁玉宝农业科技有限公司

亲本及育种方法：白沙1016中选取的变异株。

审定情况：2020年农业农村部非主要农作物品种登记，GPD花生（2020）210107。

特征特性：珍珠豆型（如图2-66所示）。食用、油食兼用。连续开花，叶片长椭圆形，株型直立（如图2-67所示），叶色为中，花色黄色。荚果缩缢程度弱、果嘴明显程度弱，表面质地为中。种皮颜色数量单色，浅褐色，种皮内表皮颜色浅黄，子仁柱形，种皮无裂纹，种子休眠性强，抗旱性强。主茎高37.1 cm，侧枝长39.4 cm，分枝数7.5条，单株结果数16.4个，单株产量22.0 g，百果重158.9 g，百仁重63.7 g，出仁率72.3%。子仁含油量54.35%，蛋白质质量分数26.4%，油酸质量分数37.5%，子仁亚油酸质量分数40.8%。中抗叶斑病。适宜在辽宁春播种植。

产量表现：荚果第1生长周期亩产287.79 kg，比对照锦花15号增产12.97%；第2生长周期亩产236.80 kg，比对照锦花15

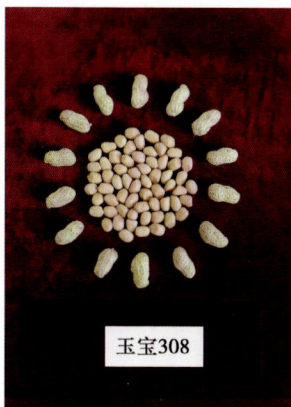

图2-66　玉宝308子仁　　图2-67　玉宝308植株

号增产 3.72%。子仁第 1 生长周期亩产 208.07 kg，比对照锦花 15 号增产 17.52%；第 2 生长周期亩产 176.08 kg，比对照锦花 15 号增产 6.76%。

（四十一）趴拉颗

育成单位：辽宁玉宝农业科技有限公司

亲本及育种方法：白沙 17 系选。

审定情况：2022 年农业农村部非主要农作物品种登记，GPD 花生（2022）210012。

特征特性：珍珠豆型（如图 2-68 所示）。油食兼用类型品种。生育期 125.4 d。株型直立，主茎高 37.8 cm，侧枝长 40.8 cm，总分枝数 7.7 条，结果枝 8 条，单株饱果数 15.1 个。叶片颜色中，长椭圆形，叶片中（如图 2-69 所示）。荚果普通形，果嘴明显程度弱，荚果表面质地中，缢缩程度中。百果重 142.5 g，饱果率 70%。子仁柱形，种皮浅褐色，内种皮浅黄色。百仁重 58.5 g，出仁率 68.3%。子仁含油量 48.64%，蛋白质质量分数 28.5%，油酸质量分数 38.7%，子仁亚油酸质量分数 38.9%。感叶斑病。

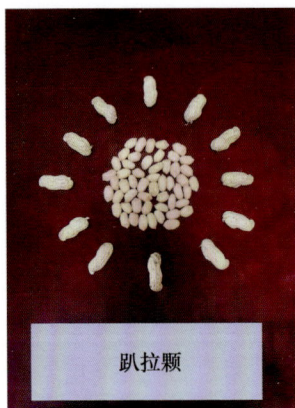

图 2-68 趴拉颗子仁　　图 2-69 趴拉颗植株

适宜在东北花生产区辽宁、吉林、黑龙江第一积温带、内蒙古东北部（10 ℃及以上积温大于 2800 ℃）春季种植。

产量表现：荚果第 1 生长周期亩产 241.3 kg，比对照锦花 15 号增产 5.38%；第 2 生长周期亩产 241.9 kg，比对照锦花 15 号增产 8.21%。子仁第 1 生长周期亩产 171.0 kg，比对照锦花 15 号增产 6.26%；第 2 生长周期亩产 162.6 kg，比对照锦花 15 号增产 5.55%。

（四十二）铁花 19

育成单位：铁岭市农业科学院

亲本来源：TY023×B1-10

审定情况：2020—2021 年参加辽宁省区域试验。

特征特性：平均生育期 124.2 d。连续开花，叶片椭圆，株型直立，叶色为中，花色黄色。荚果缩缢程度弱、果嘴明显程度极弱，表面质地为中。种皮颜色数量单色，浅褐，种皮内表皮颜色白，子仁柱形，种皮无裂纹（如图 2-70 所示），种子休眠性强，抗旱性中。主茎高 43.5 cm，侧枝长 45.8 cm（如图 2-71 所示），分枝数 8.3 条，单株结果数 16.6 个，单株产量 16.6 g，百果重 164.1 g，百仁重 66.0 g，出仁率 68.9%。2020 年，经农业农村部油料及制品质量监督检验测试中心（武汉）检测，粗脂肪质量分数 50.58%，粗蛋白质量分数 26.4%，油酸质量分数 37.9%，亚油酸质量分数 41%，油亚比 0.92。

产量表现：2020 年参加区域试验，在 5 个试点中，荚果平均亩产 251.18 kg，子仁平均亩产 180.81 kg，均居参试品种的第 6 位，分别比对照阜花 12 号增产 3.80% 和 8.14%。2021 年参加生产试验，在 5 个试点中，荚果平均亩产 302.60 kg，子仁平均亩产 206.72 kg，均居参试品种的第 1 位，分别比对照阜花 12 号增产 17.42% 和 16.60%。

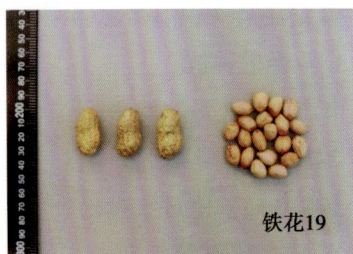

铁花19

图 2-70 铁花 19 子仁

铁花19

图 2-71 铁花 19 植株

（四十三）铁花 23

育成单位：铁岭市农业科学院

亲本来源：TY024×DF06

审定情况：2020—2021 年参加国家东北区花生新品种登记试验。

特征特性：连续开花，叶片椭圆形，株型直立，叶色为中，花色黄色。荚果缩缢程度弱、果嘴明显程度弱，表面质地为中。种皮颜色数量单色，浅褐色，种皮内表皮颜色浅黄色，子仁柱形，种皮无裂纹（如图 2-72 所示），种子休眠性中，抗旱性中。主茎高 29.0 cm，侧枝长 32.0 cm（如图 2-73 所示），分枝数 7.8 条，单株结果数 16.8 个，单株产量 21.8 g，百果重 170.1 g，百仁重 63.4 g，出仁率 71.0%。2020 年，经农业农村部油料及制品质量监督检验测试中心（武汉）检测，粗脂肪质量分数 50.5%，粗蛋白质量分数 25.1%，油酸质量分数 35.2%，亚油酸质量分数 42%，油亚比 0.84。相对褐斑病系数为 0.63，抗病指数为 R，相对花生网斑病系数为 0.47，抗病指数为 MR，相对抗根腐病系数与相对白绢病系数为 1 级。

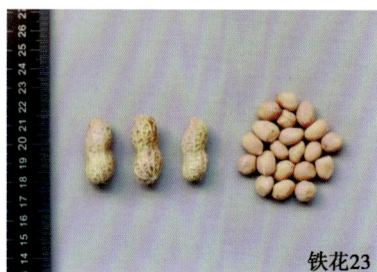

图 2-72 铁花 23 子仁

图 2-73 铁花 23 植株

产量表现：2020 年参加区域试验，在 11 个试点中，荚果平均亩产 249.43 kg，子仁平均亩产 175.09 kg，分别居参试品种的第 9 位和第 6 位，分别比对照锦花 15 号增产 2.84% 和 5.92%。2021 年参加生产试验，在 11 个试点中，荚果平均亩产 288.16 kg，子仁平均亩产 207.36 kg，分别居参试品种的第 5 位和第 1 位，分别比对照锦花 15 号增产 8.09% 和 12.45%。

（四十四）铁花 21

育成单位：铁岭市农业科学院

亲本来源：TY011×HY33

审定情况：2019—2020 年参加辽宁省区域试验。

特征特性：连续开花，叶片椭圆形，株型直立，叶色为中，花色黄色。荚果缩缢程度弱、果嘴明显程度弱，表面质地为中。种皮颜色数量单色，粉红色，种皮内表皮颜色浅黄，子仁椭圆，种皮无裂纹（如图 2-74 所示），种子休眠性强，抗旱性强。主茎高 34.1 cm，侧枝长 36.3 cm（如图 2-75 所示），分枝数 6.0 条，单株结果数 13.3 个，单株产量 16.6 g，百果重 180.4 g，百仁重 77.8 g，出仁率 69.9%。2019 年，经农业农村部油料及制品质量监督检验测试中心（武汉）检测，粗脂肪质量分数 45.52%，粗蛋白质量分数 25.1%，油酸质量分数 45.7%，亚油酸质量分数

33.9%，油亚比 1.35。

产量表现：2019 年参加区域试验，在 5 个试点中，荚果平均亩产 265.09 kg，子仁平均亩产 184.56 kg，分别居参试品种的第 4 位和第 2 位，分别比对照花育 33 号增产 15.78% 和 19.21%。2020 年参加生产试验，在 5 个试点中，荚果平均亩产 267.32 kg，子仁平均亩产 187.68 kg，分别居参试品种的第 6 位和第 2 位，分别比对照花育 33 号增产 4.84% 和 9.95%。

图 2-74 铁花 21 子仁

图 2-75 铁花 21 植株

第三章　花生优质高产栽培规范

一、选地与整地技术

　　花生种植地宜选择地势平坦、灌排方便、活土层深厚、耕作层疏松、含钙质和有机质多的砂质壤土或轻砂壤土，棕壤土、褐土、沙土也可，但不宜安排在土壤较黏重的地块上，盐碱地、涝洼地、漏肥漏水地禁止种花生。种花生最好是生茬，尽量不重茬和迎茬，一般重茬1年减产16.7%，重茬2年减产19.8%～20.4%，重茬3年减产33.4%，而且病虫害加重、品质下降。而合理的轮作倒茬可使花生增产20.5%～47.6%，较好的前茬是粮谷、棉花、薯类、蔬菜等作物，可与这些作物实行3年以上轮作。

图3-1　秋季深翻或播前深翻保墒播种

播种前进行的耕翻、耙耢、清除残茬等都是整地的技术环节（如图3-1所示），坡耕地上种花生还包括平整土地、修好水平梯田等环节，即采用"切下填上、起高填低、抽石换土、客土造地"等办法；耕翻最好在秋季进行，每隔3~4年1次，深度在25~30 cm，随后耙地（镇压）、耢地，并使土表平整，防止水分散失；风沙地区最好在春季耕翻或播前1~2 d或当天进行机械旋耕灭茬起垄，除净残茬，起合垄平整好地表，随后播种。

二、施肥技术

露地种植施好种（口）肥，中等地力整地前1~2 d每亩撒施腐熟羊粪、鸡粪或猪粪4000 kg。然后进行机械旋耕灭茬起合垄，播种时顺播种沟亩施磷酸二铵22.5 kg、尿素5 kg、硫酸钾7.5 kg，之后盖上0.5 cm厚的潮土再播种。沙土地、河滩地、坡耕地等肥力较差的地块亩施腐熟羊粪、鸡粪或猪粪4000~5000 kg，其他肥不变。肥沃土壤亩施腐熟羊粪、鸡粪或猪粪2000~3000 kg，其他肥不变。目前大部分采用侧施肥，随播种一起施用化肥，花生种子和化肥间隔5 cm（施肥后旋耕如图3-2所示）。

图3-2　施肥后旋耕

三、种子处理技术

（一）做好发芽试验

取 100 粒种子放入容器内，将 3 份凉水、1 份开水放入同一容器中，温度在 25~30 ℃，将种子浸泡 24 h，将水滤去，再用同样温度的湿布盖起来，放在 25 ℃的环境中发芽，3 d 后测发芽势，5 d 后测发芽率（要求发芽率在 95%以上）。

（二）晒种

播前半月左右选晴天上午 10 时，将荚果摊在泥土场上晒 5~6 h，摊晒厚度约 6 cm，连晒 2~3 d，之后剥壳。

（三）分级粒选

剥壳前，选择整齐一致的荚果，剔除病残果和大小果，之后剥壳。剥壳后，选择大小整齐一致、饱满度好，无损伤、无裂纹、无黑晕、无大小粒，色泽鲜艳的子仁作种子。

（四）种子质量标准

纯度不低于 96%，净度不低于 98%，荚果水分不高于 10%，子仁出芽率在 95%（国标是 75%）以上。

（五）拌药剂或种衣剂

根据当地经常发生的病虫鸟害，选用适宜的药剂和种衣剂。严格按照药品说明拌种（播前拌种如图 3-3 所示）。较好的耐低温种衣剂有先正达迈舒平、高巧+卫福、苗苗亲等。

图 3-3　播前拌种

四、适时播种技术

（一）播种期

当地 5 d 内，5 cm 播种层平均地温稳定通过 12 ℃（这时气温约 15 ℃）以上时，即可播种。一般是 5 月 10 日至 15 日。

（二）播种密度

亩播种 10500～11500 穴，每穴 2 粒，保苗 2.1 万～2.3 万株。单粒精播保苗 1.8 万株以上。亩播种量为 17.5～20.0 kg 荚果。

（三）播种方式

采用等行距垄种，垄向与风向相垂直。行距 46～50 cm，穴距 13.0 cm。每穴播种 2 粒，播深 3～5 cm，覆土 4～5 cm，镇压。

五、灌溉技术

（一）播种时墒情要足，确保一播全苗

播种前，底墒一定要足，不足（0～10 cm 土壤含水量低于 12%）时，灌溉造墒，切不可无底墒起垄种植。节水栽培实行喷灌或微喷技术。

（二）灌水时期和次数

主要根据花生生育期间雨量多少、分布情况、土壤条件以及花生各生育阶段对土壤水分的需要等因素来确定，因此灌水时期和灌水次数也有不同，应根据具体情况而定。一般年份浇水 2 ~ 3 次。

幼苗期干旱一般不需浇水；开花下针期、荚果形成期、饱果期遇旱，则应酌情浇水。如遇干旱，叶片在中午出现翻叶现象，则需灌水。在干旱情况下，每次灌水可保持 15 d 左右。

（三）节水灌溉技术

1. 沟灌节水技术

沟灌，包括沟沟灌和隔沟灌，是在花生行间开沟引水，水在沟中流动，通过毛细管和重力作用向两侧和沟底浸润土壤。其特点是能使水分从沟内渗入土壤中，减轻土壤板结，较畦灌节水。花生产区沟灌一般采用垄作沟灌，花生起垄种植浇水时，将水灌于垄沟内，由垄沟向两侧及底层浸润。在缺水地区或灌溉保证率低的地区，可采用隔沟灌节水技术。隔沟灌溉是隔一沟（垄）灌水，灌水时一侧受水，另一侧为干土层，土壤表面蒸发减少一半。隔沟灌溉不仅能省水、扩大灌溉面积，而且不受水的行间利于中耕等农事活动，是一种较科学的节水灌溉方法。

2. 喷灌节水技术

喷灌与地面灌溉相比，具有省水、省地、适应性强、有利于增产等优点，这种技术尤其适用于地面灌溉难度大的山丘坡地。由于喷灌不破坏土壤团粒结构，地不板结，改善了土壤中水肥气热状况，有利于花生根系和荚果发育，增产效果显著，在花生开花下针期和结荚期遇旱进行喷灌的比未喷灌的增产 37.5%。

推广喷灌技术需要有设备质量好、工作性能可靠、价格适中、适合当前农村经济体制的中小型机组，因此需要因地制宜地推广喷灌技术。在喷灌时，为提高产量和节约用水，要注意雾化强度和喷灌均匀度。一般要求灌溉强度不超过土壤的渗透速率，使喷灌到地面的水能全部渗透到土壤中。一般情况下，雾化程度要求水滴直径在 1~3 mm，同时要注意喷灌均匀。

3. 滴灌节水技术

滴灌是利用一种低压管道系统，在它上面装有许多滴头，分散到田间，水由每个滴头一滴一滴地慢慢浸润作物根系最发达区域的技术。这种灌溉方式比喷灌更节约用水，一般比喷灌省水 30%~50%，这对缺乏水源的山区、丘陵花生产区更有意义。

目前，我国滴灌设备研制已达到初步配套，现有的固定成套滴灌设备具有结构简单、价格较低、使用较为可靠、安装方便等特点，为花生滴灌技术的发展提供了设备条件。滴灌为花生不断输送适宜水分，维持根系附近经常湿润，同时保持土壤良好的通气状况，且肥料可溶入滴灌水中不断供根部吸收，使花生在良好的环境下生长发育，提高了产量。据山东省水利科学研究院试验，花生滴灌比未滴灌的增产 28%。花生滴灌具有广阔的发展前景（膜下滴灌种植技术如图 3-4 所示，浅埋滴灌种植技术如图 3-5所示）。

图 3-4　膜下滴灌种植技术

图 3-5　浅埋滴灌种植技术

4. 雾灌节水技术

雾化灌溉，简称雾灌，属于微灌的一种，是近年来由喷灌、滴灌技术发展而来的一种新的灌水技术。雾灌的特点是节水、节能、雾化程度高、适应性强、增产效益高。它与喷灌的主要区别在于：雾灌是低压运行，比喷灌节能；雾灌又多是局部灌溉，比喷灌省水。雾灌的喷头直径在 0.5 mm 以下，喷水似"牛毛细雨"，雾化程度较喷灌高得多。雾灌的毛管以下的灌水器和配件与滴灌不同。雾灌通过高雾化喷头，使水呈雾状供作物利用，比滴灌供水快。喷头孔抗堵塞能力强，在进行雾灌时，作物似在云雾覆盖之中，既能增加土壤需要的水分，又能提高植株之间的空气湿度，还可降温，能较好地调节田间小气候。降温和增湿的作用尤为突出，可以增加湿度 30%，在午间高温时，可以降温 3~5 ℃，特别是在干旱高温季节进行雾灌，可以为花生的正常生长发育创造良好条件。

六、病虫草害综合防控技术

以花生根腐病、茎腐病、叶斑病、果腐病、蚜虫、金龟子(蛴螬)、棉铃虫等为防治对象，以科学用药为重点，以生物防治为突破口，设立杀虫灯，推广使用生物农药、植物源农药，同时辅之以健康栽培和烟雾机施药技术，进行病虫草害的专业化防治（机械喷药如图 3-6 所示，植保无人机喷药如图 3-7 所示）。

图 3-6　机械喷药

图 3-7　植保无人机喷药

（1）农业防治：实行轮作。轻病田隔年轮作，重病田 3~5 年轮作。轮作作物为玉米、高粱、谷子等禾本科作物。深耕改土，增施有机肥，合理排灌增强抗病力。严格选种，淘汰病弱种子。起垄种植或培土成埂。有利排灌，减轻病害。

（2）种子包衣。较好的耐低温防病虫种衣剂有先正达迈舒平、高巧+卫福、苗苗亲等。

（3）白僵菌土壤处理——防治花生蛴螬：亩用活菌50亿/克的白僵菌1000 g，兑细土15 kg，于耕地前均匀撒于地表，然后深翻整地。

（4）杀虫灯——诱杀害虫成虫：将佳多频振式杀虫灯吊挂在牢固的物体上，然后放置在花生田中，吊挂高度在农作物生长前期为1.5 m，后期略高于农作物。灯在田中成棋盘状布局，灯距100~150 m，每盏灯的控制面积为50~60亩。

（5）一喷综防——防治花生叶斑病、蚜虫、延长花生叶片功能期：苗期、开花后期、结荚期分别用百泰、阿米秒收、康宽等药剂均匀喷雾，可以防治花生叶斑病、蚜虫和延长花生叶片功能期。

七、适时收获技术

（一）根据田间长相确定收获期

一般以植株呈现衰老状态，中下部叶片由绿转黄并逐渐脱落，茎枝转黄绿色确定收获期。

（二）根据饱果率确定收获期

当荚果饱果率达65%~75%时，即可收获。

（三）根据外壳及子仁颜色确定收获期

当果壳硬化，网纹相当清晰，果壳内侧乳白色稍带黑色，子仁皮薄光滑，呈现出品种固有的色泽时，即可收获。

（四）根据当地昼夜平均气温确定收获期

当本地昼夜平均气温降到12 ℃以下时，即可收获。

（五）根据品种的生育期计算收获期

正常年份，当品种的固定生育天数达到时，即可采收。

（六）收获时间

正常年份，生产田 9 月 18 日至 22 日收获，制种田或留种田提前 2 d 收获。

（七）收获方法

不论是机械收获（自走式干湿摘果机如图 3-8 所示，滚筒式摘果机如图 3-9 所示，花生去石清选机如图 3-10 所示）还是人工收获，收割后 2 垄放成 1 垄，根部向阳，晒 3 d 后即可摘果，在地里晾晒时，最好不被雨淋，防止果壳霉变。

图 3-8　自走式干湿摘果机

图 3-9　滚筒式摘果机

图 3-10　花生去石清选机

八、安全贮藏技术

摘果后，把荚果摊在泥土场上继续晾晒，当荚果含水量低于10%，气温在 10 ℃以下时，装袋入库。袋子要透气，库房要通风干燥，不得放化肥、农药，不得有取暖设施。

第四章 花生种植模式

一、单行起垄种植技术模式

图4-1 单行起垄种植技术模式

（一）模式概述

单行起垄种植即垄种，是在花生播种前先行起垄，或边起垄边播种，将花生播种在垄上。垄种春季升温快，便于排灌，结果层通气好，烂果少，易收刨。适用于辽宁省乃至东北地区（春季升温慢、地温低的特点）。单行起垄种植技术模式（如图4-1所示）是目前辽宁省最主要的播种方式。

该种技术多用拖拉机牵引。辽宁省花生垄种行距不尽相同，彰武以北垄种行距55~60 cm，行距较大，不便于增加密度，生育期封垄性较差，漏光率高，这也是辽宁省花生单产低的一个主要原因。

（二）技术要点

1. 整地

选择土层相对较厚、地势平坦、排灌方便的砂壤土或砂土，土壤 pH 值为 5.8~7.5。秋季深翻整地，翻深 20~25 cm。春季整地一般在春分后清明前进行，做到随耕随耙保底墒。耕后耙细达到土壤平整细碎、无坷垃、无根茬。

2. 播种

阜新地区 5 月 10—20 日为最佳播种期，阜新以南可适当提前，阜新以北可适当推迟。一般普通花生以连续 5 d 土温稳定通过 12 ℃，高油酸花生以连续 5 d 土温稳定通过 15 ℃，即可播种。

3. 密度

单行起垄种植技术一般垄距 45~60 cm，垄高 10~12 cm，株距 14~16 cm，亩播种 7000~8000 穴，穴播双粒（如图 4-2 所示）。

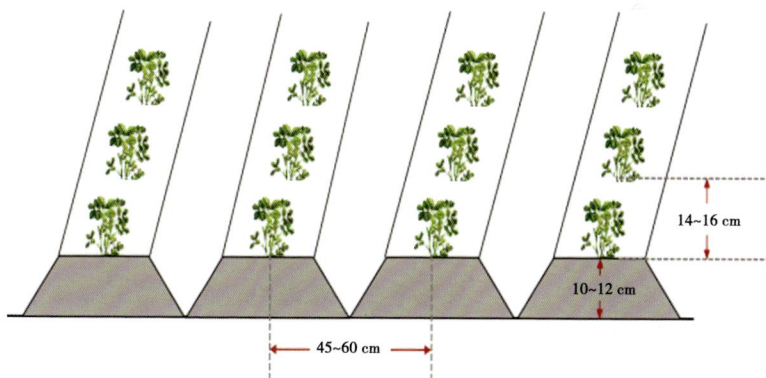

图 4-2 单行起垄种植技术模式示意图

二、垄上双行交错种植技术模式

图 4-3　垄上双行交错种植技术模式

（一）模式概述

花生垄上双行交错种植技术也是单行起垄种植的一种特例，在玉米原垄种植的基础上，不改变玉米的种植结构，来年可以继续起垄种植玉米，也可以是前茬花生或其他作物。这种种植模式改善了个体与群体的关系，种植密度增加，产量比传统大垄种植模式相应提高，是目前辽宁省花生裸地种植的主要技术模式（如图 4-3 所示）。

（二）技术要点

1. 整地

选择土层相对较厚、地势平坦、排灌方便的砂壤土或砂土，土壤 pH 值为 5.8~7.5。秋季深翻整地，翻深 20~25 cm。春季整地一般在春分后清明前进行，做到随耕随耙保底墒。耕后耙细达到土壤平整细碎、无坷垃、无根茬。

2．播种

阜新地区 5 月 10—20 日为最佳播种期，阜新以南可适当提前，阜新以北可适当推迟。一般普通花生以连续 5 d 土温稳定通过 12 ℃，高油酸花生以连续 5 d 土温稳定通过 15 ℃，即可播种。

3．密度

垄高 10 cm，垄上小行距 10~15 cm，垄上大行距 40~45 cm，垄间距 50~60 cm，株距 10 ~12 cm，单粒交错播种，4 个播种盘，亩播种 1.8 万~2.2 万株（如图 4-4 所示）。

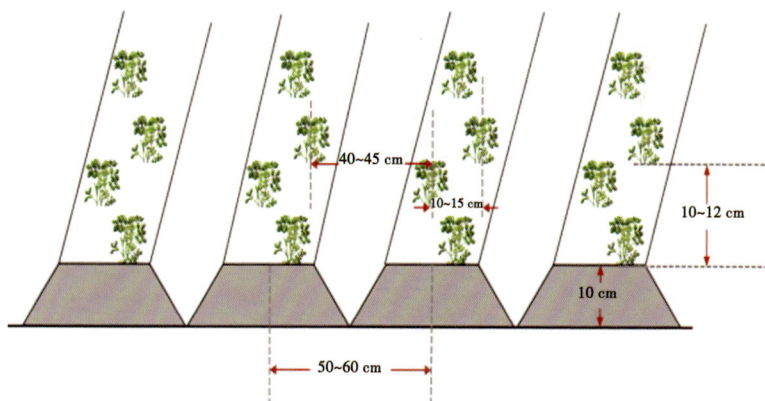

图 4-4　垄上双行交错种植技术模式示意图

三、大垄三行种植技术模式

图 4-5　大垄三行种植技术模式

（一）模式概述

大垄三行种植技术模式（如图 4-5 所示）应用较少，与大垄双行种植技术比较，主要优点是增加密度，提高光能利用率。缺点一是对土地要求严格，否则播种质量差；二是目前配套机械较少，收获机械更少，推广受限。

（二）技术要点

1. 整地

选择土层深厚、地势平坦、排灌方便的砂壤土或砂土，土壤 pH 值为 5.8~7.5。秋季深翻整地，翻深 20~25 cm。春季整地一般在春分后清明前进行，做到随耕随耙保底墒。耕后耙细达到土壤平整细碎、无坷垃、无根茬。

2. 播种

阜新地区 5 月 10—20 日为最佳播种期，阜新以南可适当提前，阜新以北可适当推迟。一般普通花生以连续 5 d 土温稳定通过 12 ℃，高油酸花生以连续 5 d 土温稳定通过 15 ℃，即可播种。

3. 密度

垄宽 110~120 cm，垄面种植三行花生。垄上花生行距 35~40 cm；小花生穴距 13~14 cm，亩保苗 1.1 万穴（如图 4-6 所示）。

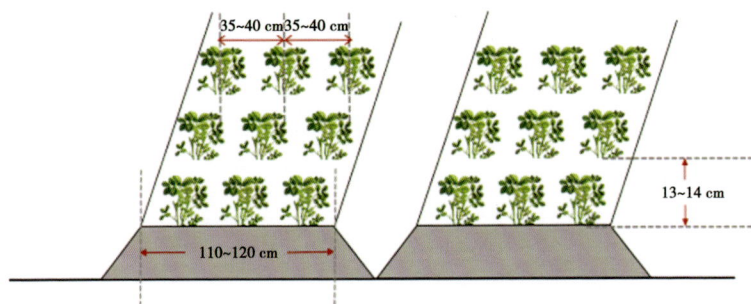

图 4-6　大垄三行种植技术模式示意图

四、地膜覆盖种植技术模式

（一）模式概述

花生地膜覆盖种植技术模式（如图 4-7 所示）可使花生增产 30% 以上，多的可达 50% 以上且品质好，但要求覆膜前底墒要足，不足（0~10 cm 土壤含水量低于 15%）时，要灌溉造墒，切不可无底墒起畦覆膜。目前，花生地膜应用面积占辽宁省花生总种植面积的 10% 左右。

图 4-7　地膜覆盖种植技术模式

花生地面覆盖薄膜后，由于土壤理化性状的改善，促进了土壤养分的分解作用和作物植株代谢功能的增强，增加了对有机肥料和磷、钾营养元素的需要量，因此，地膜覆盖花生与大田花生管理措施大不相同。

（二）技术要点

1. 选地和整地

（1）选地。

选地是地膜覆盖花生获得增产的前提。以选择地势平坦，土层深厚，耕层松软，土壤肥力较高，保肥、保水性能较强的砂壤土或轻砂壤土为宜。

（2）整地。

地膜花生地一定要深耕。因花生是地上开花、地下结果的深根作物，深耕可加厚活土层，使土壤变成肥料和蓄水库，有利于主根下伸发展成强大的根系，增强抗旱能力，并能减少杂草和病虫害。耕深要求在 25~30 cm，并要把细，清除地表残留根茬等，为提高覆膜质量创造良好条件。

2. 施足底肥

地膜覆盖后不便追肥，因此要施足底肥。中等地力整地前 1~2 d，每亩撒施腐熟羊粪、鸡粪或猪粪 3000~4000 kg，磷酸二铵 25~30 kg，尿素 5 kg，硫酸钾 10 kg 之后，进行机械旋耕灭茬起合垄。沙土地、河滩地、坡耕地等肥力较差地块亩施腐熟羊粪、鸡粪或猪粪 4000~5000 kg，其他肥不变。肥沃土壤亩施腐熟羊粪、鸡粪或猪粪 2000~3000 kg，其他肥不变。

3. 起垄和覆膜

（1）起垄、覆膜期的确定。

若墒情适宜，一般起垄覆膜时间比常规播种时间提前 5~7 d 为宜；若墒情不足，可提前 4~5 d 灌溉后，再整地、起垄、覆膜。覆膜后播种。

（2）起垄方法与做畦规格。

花生多播种在辽西北丘陵沙土地，为减轻风力对薄膜的危害，提高覆膜质量，垄向最好与风向相垂直。畦上宽 60~65 cm，畦底宽 85~90 cm，畦间距 30 cm，畦间大行距 50~60 cm，畦上小行距 35~40 cm，畦高 10~12 cm。穴距 13.5~15.5 cm，每穴播种 2 粒，播深 3~5 cm。选用 85~90 cm 宽、0.008~0.01 mm 厚的聚乙烯薄膜或生物降解地膜。畦面要做成平顶形，并将畦面压实，以利于果针穿透薄膜。

（3）覆膜方法。

无论是采用人工覆膜还是机械覆膜，都要求放膜要慢、摆平、拉紧，使薄膜紧贴畦面，平展无皱纹，两边用土压实，防止透风漏气。为了防止风刮掀膜，可采取每隔 5~10 m 远横压 1 条 1~2 cm 厚、5~10 cm 宽的土带（如图 4-8 所示）。

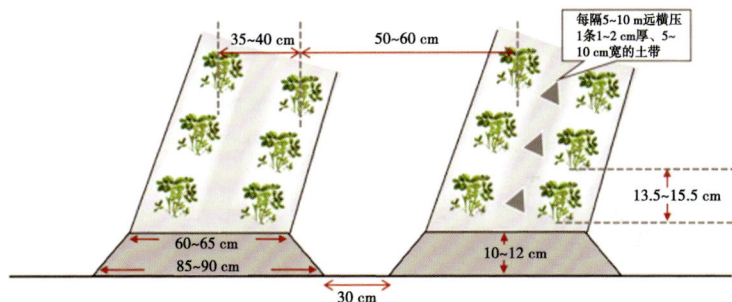

图 4-8 地膜覆盖种植技术模式示意图

（4）喷洒除草剂。

做畦后、覆膜前要喷洒除草剂，防止杂草生长，每亩用 50% 乙草胺乳油 50 mL 或禾耐斯 70 mL 除草剂均匀喷施。除草剂施用要慎重，按照说明书严格控制用量，不能过量。

4. 播种

（1）播期的确定。

花生种子发芽要求温度为：5 d 内 5 cm 地温稳定通过 12～15 ℃。阜新地区一般在 5 月 5—10 日播种，阜新以南适当提前，阜新以北适当错后。

（2）合理密植。

种植密度为每亩 9500～10500 穴，每穴 2 粒，保苗 1.6 万～2 万株。

（3）播种方法。

用覆膜播种机一次完成播种、施肥、喷施药剂、覆膜、覆土、镇压等多道工序。

说明：覆膜播种机有膜上打孔覆膜播种机和不打孔覆膜播种机两种，膜上打孔覆膜播种机的优点是出苗后不需要破膜引苗，可以节省人工；不打孔覆膜播种机的优点是春季增温快、出苗快。种植者可以按需选择。

膜上打孔覆膜播种机还可分为正常的覆膜打孔播种机和膜上打孔抗旱覆膜播种机两种。膜上打孔抗旱覆膜播种机除上述优点外，还有一个最大的优点是抗旱，这种打孔机适合辽宁西北部和内蒙古干旱少雨的花生产区，播种沟较深，中间台高 2～3 cm，降水 3～5 mm 就可以解决出苗问题。

5. 田间管理

（1）护膜。

花生覆膜和播种阶段，正处于春季多风季节，大气相对湿度低，土壤水分蒸发量大，要十分注意护膜。覆膜后，直到 40～50 d 内，都要经常检查，发现膜孔少土或薄膜掀起时，要采取膜孔加盖潮土和将透风漏气的地方用土压实，以保持薄膜封闭严密。这对于提温保墒早出苗和防除杂草均有好处。

（2）苗期管理。

若小苗已长出 2 片真叶不能自然出土，顶不开硬盖，可用人工掀掉硬盖，助苗出土（即小苗长出 2~3 片真叶时，将小苗周围的薄膜划破，让小苗顺出膜外，然后用土将苗孔四周封严）。放苗最好在阴天或下午 4 时以后进行，切忌中午前后进行，以防止突然暴晒、小苗枯死。若出现缺苗断垄，要及时催芽补种，确保全苗。补种时，错开原来的位置。

6. 收获和废膜回收

（1）人工揭除地膜。

在收获前 15 d，人工顺垄揭除地膜，带出田外，防止白色污染。

（2）适期收获和废膜回收。

地膜花生一般比不覆膜的提早 7~10 d 成熟，因此，收获期比不覆膜的提前 5 d 左右。收获一般在 9 月 12—17 日，收获过早或过晚，都会影响花生的产量、品质和效益。收获后，残留在土壤中的薄膜碎块要及时回收。

五、膜下滴灌种植技术模式

（一）模式概述

花生膜下滴灌种植技术模式（如图 4-9 所示）是在地膜覆盖的基础上，在地膜以下铺设滴灌带，以方便浇水和随水施肥，实现旱涝保收，改变雨养农业的靠天吃饭模式。同时，可以防止花生土壤风蚀，实现水肥一体化和智能控制，是目前比较好的种植技术模式，具有地膜覆盖种植模式的全部特点（膜下滴灌种植技术模式示意图，如图 4-10 所示）。

图 4-9　膜下滴灌种植技术模式

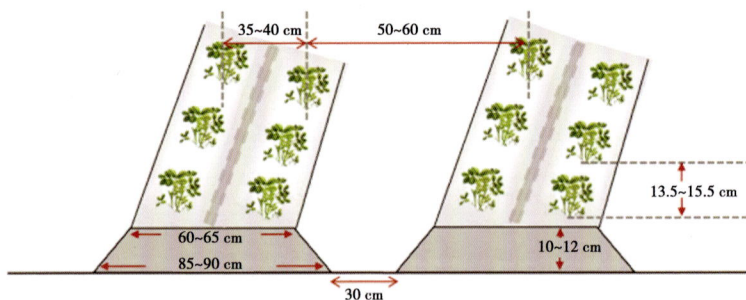

图 4-10　膜下滴灌种植技术模式示意图

（二）技术要点

技术要点除同于花生地膜覆盖之外，还要增加以下内容。

1. 滴灌设备的安装

滴灌是一种半自动化的机械灌溉方式，滴灌设备安装好后，使用时只要打开阀门，调至适当的压力，即可把水分送到花生根区自行灌溉。

2. 播种

采用机械播种，施种肥、做畦、打除草剂、铺管、覆膜、播种、镇压等作业一次完成。

3. 田间滴灌技术

（1）苗期。

播种后，土壤墒情如能保证出苗，则苗期不需浇水和施肥，如墒情差，不能保证出苗，播种后，应进行滴灌，用水量5~10吨/亩。

地下病害主要有根腐病、茎腐病，发病初期用杀菌剂氯溴异氰尿酸、瑞苗清或多菌灵等随滴灌灌根。

（2）开花下针期。

开花后（约7月1—15日），花生进入旺盛生长期。滴灌5~10吨/亩。

（3）结荚期。

进入结荚期，多数时间降水能满足花生需求，如遇干旱再滴灌50~80吨/亩，随水追肥，每亩追施尿素3.2 kg、硫酸钾8.8 kg、二铵3.3 kg、生石灰1.3 kg。亩产400 kg花生滴灌实施方案（参考值）见表4-1所列。花生不同生育时期施肥方案见表4-2所列。

收获前15 d，人工顺垄揭除地膜，带出田外，回收滴灌管。

表4-1　亩产400 kg花生滴灌实施方案（参考值）

单位：吨/亩

生育阶段	播种至出苗	齐苗至开花	开花至结荚	饱果成熟
时间范围	5月1日—5月25日	5月26日—7月5日	7月6日—8月20日	8月21日—9月20日
生育期需水量	24	72	227	80
自然降水量	22	78	123	67
滴灌补水量	2	0	104	13
变化范围	0~5	0	50~180	5~30

表 4-2　花生不同生育时期施肥方案

单位：千克/亩

生育阶段	尿素		硫酸钾		磷酸二铵		生石灰	
时间	基肥	滴灌追肥	基肥	滴灌追肥	基肥	滴灌追肥	基肥	滴灌追肥
苗期（5月10日—6月25日）	6.0	0	20	0	10	0	5	0
开花期（6月26日—7月20日）		0		0		0		0
结荚期（7月21日—8月20日）		3.2		8.8		3.3		1.3
饱果期（8月21日—9月20日）		2.5		1.2		1.7		0.8
合计	6.0	5.7	20	10	10	5.0	5	2.1
总合计	11.7		30		15		7.1	

六、浅埋滴灌种植技术模式

（一）模式概述

花生浅埋滴灌种植技术模式（如图 4-11 所示）与膜下滴灌种植技术模式的不同在于播种时不覆盖地膜，将滴灌带浅埋于垄间 3~5 cm 深，优点是减少地膜成本和回收成本，缺点是早春花生地升温慢、夏季蒸发快、需水量大，不能够防止土壤风蚀。该模式同样可以实现水肥一体化和智能控制，适合风沙较小的辽西南部。

（二）技术要点

技术要点除同于花生膜下滴灌种植技术模式外，还要增加以下内容。

图 4-11　浅埋滴灌种植技术模式

采用机械播种，施种肥、做畦、打除草剂、铺管、播种、镇压等作业一次完成。浅埋滴灌种植技术模式示意图，如图 4-12 所示。

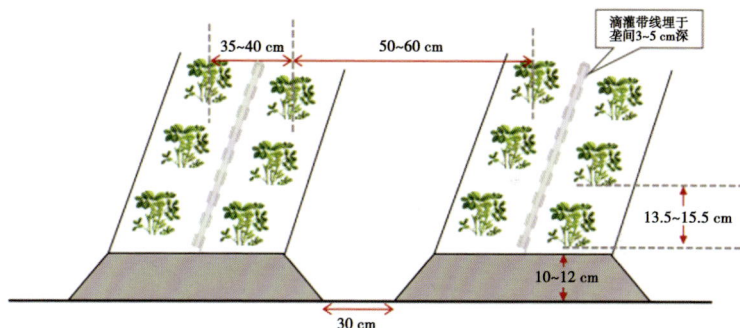

图 4-12　浅埋滴灌种植技术模式示意图

七、花生/玉米间（轮）作种植技术模式

（一）模式概述

花生/玉米间（轮）作种植技术模式（如图 4-13 所示）是花生玉米当年间作、隔年轮作种植，经济效益显著，投入产出比大。花生作为豆科作物，根部的根瘤菌有固氮作用，所以种植花生起到种地养地的双重作用，在提高经济效益的同时，对于缓解

图 4-13　花生/玉米间（轮）作种植技术模式

花生连作障碍、实现肥料农药减施、保持良好的土地生态良性循环、促进农业种植业结构调整，以及实现农业的高质、高效具有重要意义。

（二）技术要点

根据地块的肥力情况、农民的种植习惯及机械情况，确定花生与玉米间作比例，一般行比为 12~20 等幅种植，花生行距为 50 cm，株距为 15 cm，亩播种 1.0 万穴，穴播 2 粒；玉米行距为 50 cm，株距为 25 cm，亩播种 5000~6000 粒，单粒播种。花生/玉米间（轮）作种植技术模式示意图，如图 4-14 所示。

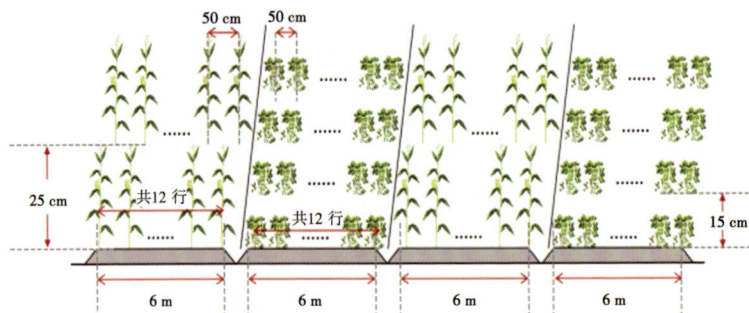

图 4-14　花生/玉米间（轮）作种植技术模式示意图

第五章 花生生产机械

一、播种机械

(一)机械播种的优点

适时播种是获得花生高产的一项重要措施。采用机械播种，速度快、效率高。尤其是近几年配合花生高产覆膜种植技术发展起来的花生覆膜播种机，比人畜力覆膜播种提高工效几十倍，特别是在干旱之年，有利于抢墒保全苗。同时，可以大大减轻劳动强度，节省劳力，降低作业成本，提高经济效益。机械播种能保持株行距一致，下种均匀，确保密度、深浅一致，达到一次播种保全苗。

(二)播种机类型

1. 花生覆膜打孔播种机

目前，辽宁省研制和应用的花生播种机机型较多，这些机型的性能基本上都可以满足花生播种的要求。近年来，由于多功能覆膜播种机联合作业的优势明显，正在逐步取代播种机和覆膜机。辽宁省在花生覆膜播种机研究应用上处于国内领先地位，主要产品有阜新阜龙农机装备有限公司生产的花生覆膜打孔播种机（如图5-1所示）。此外，内蒙古自治区赤峰市宁城县显军垄沟覆膜打孔播种机（如图5-2所示）。

图 5-1　花生覆膜打孔播种机

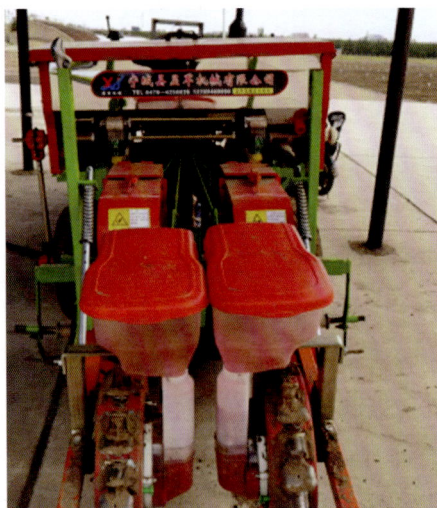

图 5-2　垄沟覆膜打孔播种机

2. 小垄双行播种机

主要产品有锦州市黑山县新立屯兴南农机具制造厂生产的花生玉米小垄双行播种机（如图 5-3 所示），适用于平地、山地裸地种植花生，目前该机器应用广泛，对亩保苗，提高产量效果明显。

图5-3　小垄双行播种机

（三）播种机使用方法

1. 作业前的准备工作

将整机与小四轮拖拉机（一般为 8.8~13.2 kW 小四轮）三点悬挂连接，打药装置如果是气动的，将药液筒气管与拖拉机气泵连接好；如果是电动的，与拖拉机电源接通。检查调整各部位润滑、紧固、转动等状态正常。

2. 装添播种资料

（1）添加种子。

根据排种器的要求，添加合适的种子，尺寸过大和过小的种子应拣出。需要拌种衣剂时，将种子倒在 1 m² 的塑料薄膜上，倒上种衣剂原液，二人各持两角抖动均匀，晾晒 1 h，检查种子箱内无异物，添加种子。更换新的品种时，可将排种器插板拉开，倒出剩余种子后，重新添加。

（2）添加和更换药液。

按要求兑好药液，倒入药液桶。

（3）添加肥料。

将清除杂物后的、无板结的颗粒肥料加入种子箱。

（4）安装地膜。

将膜卷装在膜杆上，装入膜卷架上，调整好紧度并锁紧。

3. 田间作业

（1）开始作业。

将机组对准作业位置，将地膜从膜辊上拉下，把膜头用土压住，打开药液筒开关，起步作业。调整播种深度、行距、株距、喷药量和施肥量。通过调整开沟铲相对于机架的高度和水平位置可得到合适的播种深度和行距；更换链轮改变传动比（某些机型更换不同的排种轮），可得到合适的株距；改变阀门开度，实现要求的喷药量；调整排肥轮的工作长度，实现要求的施肥量。

（2）垄形调整。

改变翻土铲的入土深度，调整合适的垄高，增加翻土深度，垄高增加，反之降低。

（3）铺膜部分的调整。

改变展膜轮的高度和角度，可以调整地膜的横向拉紧程度。调低展膜轮和增加展膜轮前侧内倾角度，可以增强拉紧的程度，反之松弛；改变膜卷锁紧程度，调整纵向拉紧程度，锁紧螺栓则纵向拉紧增强，反之减弱。

（4）覆土量的调整。

改变覆土圆盘的深度和角度，可以调整覆土量。增加深度和增加覆土圆盘与前进方向的角度，可以增加覆土量，反之减少。

4. 注意事项

起步、起落应缓慢，前进速度应均匀，作业中不得拐弯、不得倒退，随时检查各部位的工作状态，发现异常及时处理。

二、花生喷灌机械及打药机械

（一）花生喷灌机

花生喷灌机适用于大面积集中连片的平地，工作效率高，省工、节水，适合机械化作业。移动式喷灌机如图5-4所示。

图5-4　移动式喷灌机

（二）花生简易式打药机

花生简易式打药机（如图5-5所示）具有简便灵活、易于操作的优点，可用于喷施花生除草剂和叶面肥。

图5-5　简易式打药机

（三）无人机打药机

无人机打药机（如图5-6所示）目前用于防治作物虫害，效果比较理想，具有灵活、工作效率高、防控范围大等优点。

图5-6　无人机打药机

三、收获机械

（一）花生机械收获的优点

花生收获是花生整个栽培过程中最费工时的一项作业，它包括田间收刨挖掘作业与场上摘果作业。仅收获就占花生生产整个用工量的一半以上。劳动强度大，作业效率低，占用农时多，收获损失大，已成为全国花生生产的瓶颈。目前，我国花生收获机械化水平较低，机械化程度不到1%。大部分地区采用人工收刨，部分地区采用挖掘犁，少部分地区采用机械挖掘收获机。多为人工拣拾、铺放晾晒、人工收集、场院摘果等。机械收获不仅具有明显的优越性，而且已成为花生生产和广大农民群众最迫切的要求。

（二）花生收获机类型

1. 花生简易收获机

花生简易收获机（如图5-7所示）制作容易，一般由农户自制或小型农机厂生产，样式多种，分单片割刀和双片割刀，一次能割单垄和双垄，需要人工提出地面并摆放。

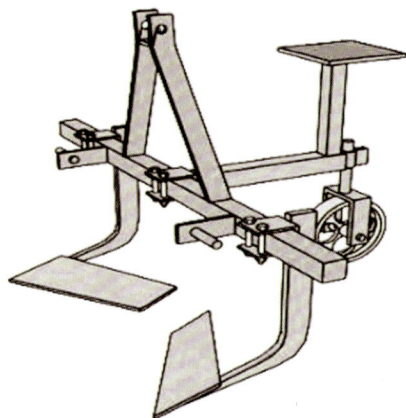

图5-7 花生简易收获机

2. 花生收获机

目前，应用较多的是锦州市黑山县建国花生收获机（如图5-8所示），该收获机每天可以收获花生50~60亩，工作效率高，但要求花生植株不能低于20 cm，否则夹秧困难，容易落秧。

图5-8 花生收获机

（三）摘果机械

目前，我国生产使用的花生摘果机有全喂入式和半喂入式两种。河南豫德昌全喂入式花生摘果机主要用于北方花生产区，从晒干的花生植株上摘果；半喂入式花生摘果机干、鲜花生均可使用，主要用于南方地区。

1. 全喂入式花生摘果机

全喂入式花生摘果机（如图5-9所示）一般完成摘果、分离、清选等工序，用于场间固定作业，以花生收获后在田间晾至半干后进行摘果最为适宜。

图5-9　全喂入式花生摘果机

2. 移动式花生摘果机

移动式花生摘果机可分为大型花生摘果机（如图5-10所示）和行走式花生摘果机（如图5-11所示）。

图 5-10　大型花生摘果机

图 5-11　行走式花生摘果机

四、花生选角机

花生选角机（如图 5-12 所示）可作为种子清选加工去杂、选花生角用。

图 5-12　花生选角机

五、花生米加工机械及搓种机

（一）花生米加工机械

花生除留作种用和少量荚果出口外，余者不论是作油料，还是作为出口商品，都需要进行剥壳加工。目前，市场上剥壳机械种类很多，其中河南瑞丰机械有限公司生产的产品在市场上应用较多（如图 5-13 所示）。

图 5-13　花生剥壳机

（二）花生搓种机

1. 简易式小型花生搓种机

简易式小型花生搓种机（如图 5-14 所示）每小时加工花生 150 kg 左右，破损率低，适用于一家一户。

图 5-14　简易式小型花生搓种机

2. 大型花生搓种机

大型花生搓种机（如图 5-15 所示）每小时加工花生 500 kg 以上，破损率较低，适用于花生种子企业加工。

图 5-15　大型花生搓种机

第六章　花生肥料减施增效技术

一、花生生产中化肥应用现状和存在问题

化肥是作物的"粮食"，对花生增产和产业发展有着不可替代的作用。化肥的使用是花生获得高产的重要手段，为花生产业带来巨大的经济效益。增施化肥是我国粮食温饱工程的主要技术政策之一，历来受到政府的关注与农民的拥护。但化肥盲目施用、过量施用也带来了生产成本增加和环境污染等问题。通过改进施肥方式、优化肥料配比等措施减少肥料的不科学投入，从而提高肥料利用率，保证农业生态环境质量，促进农业可持续发展。

（一）化肥施用现状和存在问题

我国是世界上氮肥生产、进口和消耗量最大的国家；磷肥消耗量居世界第 2 位，生产量居第 3 位；钾肥消耗量居世界第 4 位。粮食能达到供求基本平衡，在很大程度上与我国化肥生产与施用量的增长密不可分。我国肥料生产经历了从缓慢增长到快速增长的发展过程。1935—1949 年，全国化肥累计产量仅 0.6 万 t；1956 年，年产量超过 10 万 t（纯养分）；1964 年超过 100 万 t；1979 年超过 1000 万 t；1990 年超过 2500 万 t；1993 年超过 3000 万 t；2017 年约为 5890 万 t。需求量与生产量成正相关，我国化肥施用量经历了"快速增长—缓慢增长—缓慢降低"的发展过程。1978—2000 年，我国化肥施用量增幅最大，之后，在 2015

年出现峰值，化肥总施用量为6022.6万t，氮肥、磷肥的施用量
与施肥总量变化趋势较为一致。钾肥在2015年达到峰值，为
642.3万t，随后，施用量逐年降低，至2021年，施用量为524.8
万t；复合肥施用量年际整体呈增加趋势，至2021年，复合肥施
用量为2294.0万t（如图6-1所示）。

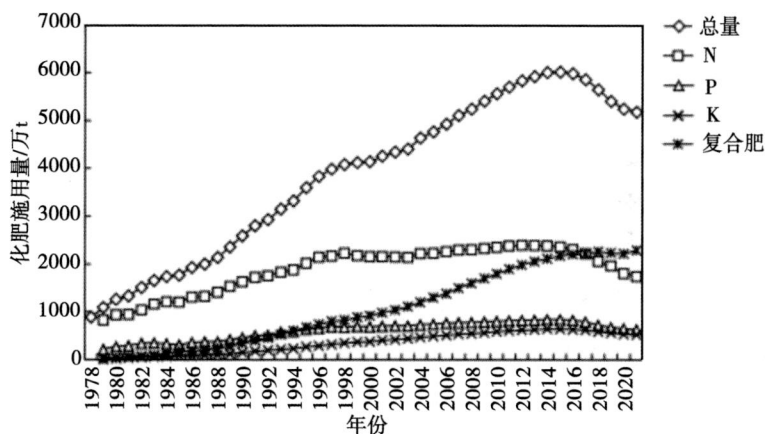

图6-1　施肥量年际变化

注：数据源于《中国统计年鉴2022》。

我国耕地基础地力偏低，化肥施用对粮食增产的贡献较大。
我国耕地面积大且类型多样，使化肥施用在不同的地域差异较
大，我国东部地区总施用量高，而西部地区较低。东部沿海部分
地区化肥施用量已远超全国平均水平，西部部分地区受自然、交
通等条件的限制，化肥施用量很低，这些地区的化肥农业生产水
平也很低。在现有生产力条件下，单位面积的粮食增产潜力与当
前产量、化肥施用水平等因素密切相关。化肥施用量低的地区，
由于受自然等许多因素的限制，花生单位面积的增产潜力并不是
最大的。

化肥施用提高了花生的产量，但仍存在施用不科学等问题，

主要集中在以下几点：①亩均施用量偏高；②施肥结构不平衡；③施肥不均衡；④有机肥资源利用率低。常年重施化肥、轻施甚至不施有机肥，土壤中有机质质量分数逐年降低，土壤质量下降。同时，盲目施肥、过量施肥不仅增加农业生产成本，而且造成土壤板结、酸化、盐渍化、有益菌丰富度降低等诸多问题。

其危害主要表现为以下几个方面。

（1）土壤营养元素比例失调。化肥基本上是单质肥料，施入土壤后，打破了土壤原有的养分平衡，长期重施单一化肥使土壤有机质消耗过度，营养元素比例失衡，从而影响化肥的肥效。长期过量施用氮肥，导致花生耕土层酸化，阳离子大量流失，造成花生荚果期缺钙，产量和品质降低。

（2）土壤理化性状恶化。长期施用化肥，土壤有机质下降，团粒结构性能降低，土壤板结现象加剧，保肥保水能力降低。不仅影响花生对营养元素的吸收，而且会破坏土地性状，使土壤肥力下降。

（3）土壤微生物多样性降低。过量和盲目施用化肥会破坏土壤原有微生物群落稳定，尤其是氮肥对微生物具有杀伤作用和抑制作用，长期施用化肥导致大量的微生物死亡，土壤微生物区系发生变化，许多有益微生物从优势种群变为次要种群，导致病害频发、易发。

（4）化肥用量盲目增加，造成生态环境污染。化肥利用率与单位面积化肥施用量成指数或对数关系，二者间均表现出显著的负相关，即随着化肥施用量的增加，其利用率呈下降趋势。随着化肥施用量逐年增加，肥料利用率降低，过剩的氮肥、磷肥随雨水或灌溉水进入地表或地下水系，造成水体富营养化，进而污染环境。

（5）花生品质下降。传统农家肥、化肥的肥效较快，对作物前期生长作用明显，但不能完全供应花生生育后期的养分需求，对其生育后期养分积累不利，且偏施某种化肥，易导致作物营养失调，影响花生制品的品质。

（二）科学施肥技术措施

在保障生产和节本增效的基础上，根据不同区域生产实际和花生施肥需要，因地制宜、循序渐进、统筹兼顾、综合施策。按照农机农艺结合的要求，综合运用行政、经济、技术、法律等手段，有效推进花生生产中的科学施肥。立足当下，结合实际，重点从以下几个途径推进科学施肥。

1. 精准施肥

目前，大多数农民缺乏对土壤的理化性质和花生所需矿质元素需求量的认识，施肥时仅仅依靠经验，而不能根据花生和土壤的实际情况合理施肥，造成肥料资源浪费、土壤生产能力下降，以及花生、花生制品品质变差等问题。尤其是氮、磷、钾肥的过量施用，导致病害加重和环境污染。因此，根据不同区域的土壤条件、花生产量潜力和养分综合管理要求，合理制定不同区域花生单位面积施肥限量标准，测土配方精准施肥，充分挖掘花生根系根瘤固氮潜力，减量提效，避免盲目施肥行为。例如，筛选和利用养分高效利用的品种，通过探明不同种植模式下土壤氮、肥料氮和根瘤固氮的吸收利用规律，阐明土壤氮、肥料氮和根瘤固氮与花生氮素供需的耦合机制；明确花生肥料氮素的损失途径和损失规律，阐明花生氮肥的高效利用机制；揭示肥料减施氮素和增施钙素的增效途径，从而建立花生精准高效施肥技术。

2. 均衡施肥

肥料元素的配比要科学。花生的生长对氮、磷、钾等大量元素的需要量不同，同时对其他大量元素和微量元素也有不同的要求。肥料受施用习惯影响，农民在施肥过程中只重视大量元素，而轻视中微量元素的施用。农作物虽然对微量元素的需要量很少，但微量元素对农作物的生长发育起着十分重要且不可替代的作用。一旦农作物缺少某种微量元素，就会对其生长发育造成非常大的影响。例如，玉米缺锌会造成穗秃尖，花生缺钙会导致荚果发育不良、出现空壳现象，品质降低。实践结果证明，只有将肥料元素按照农作物生长所需结合土壤的养分结构进行合理配比，才能有效地增产增效。因此，应研究花生生长所需肥料结构，加强土壤的理化分析，通过开展不同肥料运筹试验，优化氮、磷、钾比例，配施中微量元素和调整化肥施用结构以适应现代农业发展需要，引导肥料产品优化升级，研发和推广高效新型花生专用肥料，集成建立花生优质高产均衡施肥技术体系。

3. 调整施肥方式

采用机械分层施肥或施用缓控肥料，可有效解决追肥问题。目前，我国农村劳动力短缺，山区农户单位种植作物面积较小，地块较分散，大面积追肥不切实际。采用分层施肥机可以一次性将肥料分多层、一次性施入土壤，保证作物在不同需肥时期的肥料供给，提高肥料利用率。缓控肥、控释肥可通过肥料自身控制释放肥效，保证花生整个生育期肥料的有效供给。同时，推广改进施肥方式，改表施、撒施为机械深施，研究水肥一体化和轻简化技术，集成减肥技术与高产栽培技术，建立化肥减施增效综合技术模式。

4. 有机肥代替化肥

有机肥能够改良土壤结构，提高土壤化学性状的发挥效率，对土壤养分进行平衡补充，从整体上提高土壤的肥力。为了减少农业面源污染，目前最主要的一种技术模式是有机肥替代化肥。通过增加有机肥的施用，采用有机和无机相结合的方式施用肥料。有机无机配施不仅提高了化学肥料的利用率，还减少了化学肥料的使用，同时可以有效提高花生产量，改善农田生态环境。

二、花生化肥减量增效关键技术

（一）养分吸收与化肥减施

合理施肥可促进花生各生育期营养均衡吸收，提高作物光合产物积累，有利于花生产量的提高。花生在生长过程中，需要吸收多种营养元素，包括氮、磷、钾、钙、镁、硫等大量、中量元素和硼、钼、铁、锌、锰、铜等微量元素。王才斌（2018）研究认为，花生施肥应遵循"减大量、增有机、补钙微"的基本原则。每生产100 kg花生荚果施商品有机肥25~50 kg或腐熟畜禽粪50~100 kg，纯氮1.5~2 kg、P_2O_5 1.0~1.5 kg和K_2O 2.0~2.5 kg。

1. 营养元素的吸收分配特点

氮（N）是花生进行生命活动所必需的重要元素，参与植株体内多种营养代谢及重要化合物的组成。第一，氮是构成蛋白质的主要成分，细胞质和细胞核都含有蛋白质，缺少氮素则花生不能进行正常的生命活动。第二，氮是构成酶的重要成分，氮素缺乏条件下，酶合成受阻，许多生理生化反应不能正常进行。第三，氮是叶绿素的必要成分，氮素缺乏条件下，叶绿素合成受阻，光合作用不能进行。花生缺氮时，叶片细小直立，茎叶夹角小，叶色淡绿，严重时呈淡黄色。失绿的叶片色泽均一，一般不出现斑点或花斑。缺氮症状通常先从老叶开始，再逐渐扩展到上部幼小叶片。氮素过多时，花生地上部营养体徒长，叶面积增大，叶色浓绿，茎秆柔软，易受机械损伤和病虫害侵袭，并可造成花生生长期延长，产量、品质降低。

磷（P）是构成大分子物质的结构组分，例如磷脂、核酸、蛋白质及核苷酸等，是构成生命的基础物质。同时，磷在碳水化合物代谢中起着重要作用。第一，磷酸直接参与花生呼吸过程中糖的转化；第二，碳水化合物的合成、分解和转化均需要三磷酸腺苷（ATP）、磷酸和二磷酸腺苷参加；第三，磷对碳水化合物的运输有促进作用；第四，光合作用中的光合磷酸化和碳素循环中的许多过程都需要磷酸、ATP 和辅酶 II 参加。磷对花生光合作用、呼吸作用、蛋白质形成、糖代谢和能量转化起着重要作用。花生植株不同部位对磷的需求量具有显著差异，磷素在花生荚果中含量最多，占全株总磷量的 62% ~ 79%。磷充足时，可以促进花生根系和根瘤的发育，有利于幼苗健壮和新生器官的形成，延缓叶片衰老。每生产 100 kg 荚果，需要吸收磷（P_2O_5）0.9 ~ 1.3 kg，仅为钾需求量的 1/2、氮需求量的 1/4 左右。花生缺磷时，出现生长延缓、植株矮小、分枝减少等现象，且叶片呈暗绿色，缺乏光泽，有时叶片上出现紫红色斑点或条纹，严重时，叶片枯死脱落。缺磷症状首先表现在老叶上，逐渐向上部发展。磷过多时，叶片肥厚而密集，叶色浓绿，植株矮小，节间过短，生殖器官过早发育，出现生长明显受抑制症状，引起植株早衰。

钾（K）在花生体内呈离子状态，不参与有机化合物的组成，具有高速透过生物膜，且与酶促反应关系密切的特点。钾不仅在生物物理和生物化学方面有重要作用，而且对体内同化产物的运输、能量转化也有促进作用。花生缺钾时，植株生长缓慢，出现矮化现象。由于钾在植物体中流动性很强，能从成熟叶和茎中流向幼嫩组织再行分配，缺钾症状通常在花生生长发育的中后期才表现出来。严重缺钾时，花生植株首先在下部老叶上出现脉间失绿，沿叶缘开始出现黄化或有褐色的斑点或条纹，并逐渐向叶脉间蔓延，最后发展为坏死组织。花生是需钾量较高的作物，每生产 100 kg 荚果的钾（K_2O）需求量为 2 ~ 3 kg，高于磷。

钙（Ca）是构成细胞壁和果胶质的结构成分，是细胞分裂所必需的成分，在维持膜结构和功能上起重要作用。钙在维持花生细胞的正常结构、水化作用、提高通透性、作为磷脂酶和 ATP 酶提供辅助作用成分、内源激素的合成及其对花生的调控等方面均有重要作用，而内源激素的调控又能促进花生对钙素的吸收。同时，钙与钙调蛋白（CaM）结合形成复合物，可活化细胞中多种酶，对细胞的代谢调节起重要作用。花生对钙的需求量仅次于氮，而高于磷，与钾相当。花生对钙极其敏感，缺钙使花生植株矮小，地上部生长点枯萎，顶叶黄化有焦斑，根系弱小、粗短而黑褐；缺钙条件下，花生花量增多但大多败育，且荚果出现萎缩，空壳、秕果及烂果增加，产量显著下降。近年来，由于花生田高浓度复合肥施用量大幅增加，而有机物料（有机肥、秸秆等）及钙肥投入剧减，加之部分花生田土壤酸化不断加剧，土壤中钙离子大量淋失，导致土壤钙胁迫日益严重。钙胁迫已成为花生产量提升的重要限制因素。花生根系、果针和幼果均能直接从土壤中吸收钙素，其中根系吸收的钙素（简称根系钙）主要供给营养体（根、茎和叶），果针和幼果吸收的钙（简称荚果钙）主要供给荚果自身的发育。因此，荚果吸收的钙素对其生长发育具有至关重要的作用。荚果缺钙，导致子仁发育不良，空壳秕果增加。

花生是一种对铁（Fe）敏感的作物。铁能促进花生氮素代谢的正常进行与叶绿素的形成，铁虽不是叶绿素的组成成分，但它是合成叶绿素的必需元素。缺铁时，叶绿体结构被破坏，从而导致叶绿素不能形成。花生缺铁先从幼叶开始，典型症状是叶片的叶脉间和细网状组织中出现失绿症，叶脉深绿而脉间黄化，黄绿相间相当明显。严重缺铁时，叶片上出现坏死斑点，叶片逐渐枯死。氮素代谢和蛋白质的合成受阻，根瘤固氮能力减弱，限制对氮、磷的吸收。

钼（Mo）是植物生长所必需的微量元素之一，花生是对钼敏感的作物，对钼的需求相对较多。钼是硝酸还原酶和固氮酶的组成成分，直接参与氮素代谢和根瘤固氮作用，促进根瘤菌的发育，使根增大，增强固氮能力。同时，钼能促进有机含磷化合物的合成，促进光合和呼吸作用及蛋白质合成，使植株较好地利用氮素养分，增加叶绿体营养。花生缺钼的主要症状是生长不良、植株矮小，叶脉间失绿，叶片生长畸形，整个叶片布满斑点，甚至发生螺旋状扭曲，老叶变厚、焦枯，以致死亡；根瘤发育不良，根瘤小而少，固氮能力下降，其症状与缺氮症状相似，但缺氮先表现在老叶上，而缺钼先表现在新生叶片上。

硼（B）是花生生长发育必需的微量元素之一，花生施用硼肥对促进植株生长发育、提高荚果产量和改善品质均有明显效果。硼能促进细胞伸长和分裂，增强疏导组织，促进碳水化合物及含氮化合物的运输和代谢，有利于核酸和蛋白质的合成；施硼还能促进植株对氮的吸收和利用，提高花生根瘤固氮能力，增加固氮量；促进花粉萌发和花粉管伸长，有利于受精和结实。花生缺硼时，植株矮小、瘦弱，分枝多，呈丛生状，新叶叶脉浅绿色，叶尖发黄，老叶色暗，最后生长点停止生长、枯死；根尖端有黑点，侧根很少，根系易老化坏死；开花很少，甚至无花，荚果和子仁形成受到影响，出现大量子叶内面凹陷失色的"空心"子仁。子仁上形成棕色圆斑，胚芽变黑。

锌（Zn）是核糖、蛋白体的组成成分，还是合成谷氨酸不可缺少的元素，与蛋白质代谢有密切关系。锌参与生长素代谢，促进生殖器官的发育，影响植株的生长进程。锌可提高花生的抗逆性，增强花生对不良环境的抵抗能力。花生缺锌时，生长受阻，植株矮化，叶片发生条带式失绿；严重缺锌时，花生整个小叶失绿。

2. 化肥减施关键技术

（1）平衡施肥。根据产量水平和花生养分需求特点，确定施肥量。产量水平为 300~400 千克/亩的地块，在前茬作物上或于冬前每亩施用腐熟农家肥 1000~1500 kg 或商品有机肥 100~150 kg。播种整地时，施入氮磷钾同比例的硫酸钾型复合肥 37.5~50 kg，同时配施钙（CaO）8~10 kg。

（2）秸秆还田技术。将前茬作物秸秆采用秸秆还田机粉碎后，旋耕，翻入 0~20 cm 土层，增加有机物料的投入。秸秆还田可显著改善花生田土壤的理化性状，增加土壤养分，促进花生根系的生长及其对水分和养分的吸收能力，进而提高花生产量。

（3）新型肥料技术。采用缓控释肥料与速效肥料相结合进行施肥，具有复合化、长效化、高效化的特点，能够改良土壤肥力性状，促进花生生长发育及产量品质形成。同时，提高抗盐碱、抗酸化、耐瘠薄等逆境环境能力。

（4）水肥一体化技术。结合高效节水灌溉，推广滴灌施肥、喷灌施肥等技术，促进水肥一体化，提高肥料和水资源利用效率。根据气候条件和花生生长状况，于花针期和结荚期进行滴灌追肥。滴灌条件下分期开展施肥，相比传统一次性施肥，可提高茎叶氮质量分数 4.5%~24.7%，地上部氮素累积 6.0%~40.0%，氮肥利用率 70%~120%，花生的出仁率、饱果率等明显增加。

（二）替代产品筛选与化肥减施

1. 有机肥

有机肥是指以动物的排泄物或动植物残体等富含有机质的副产品资源为主要原料，经发酵腐熟而成的肥料。有机肥所含的营养元素多呈有机状态，作物难以直接利用，经微生物作用，缓慢释放出多种营养元素，源源不断地将养分供给作物。有机肥有改良土壤、培肥地力、提高土壤养分活力、净化土壤生态环境、保障作物优质高产高效等特点。施用有机肥能改善土壤结构，协调土壤中的水、肥、气、热，提高土壤肥力和土地生产力。有机肥在改善土壤理化性状、平衡土壤养分、提高肥料利用率、增加作物产量等方面具有重要作用。有机肥与化肥配施，能延缓肥效释放，使土壤中的有效养分在花生产量形成的最重要生育时期，保持较高质量分数。根据气候因素、土壤肥力和花生需肥特点等因素，决定有机肥的替代比例。

适量有机肥替代化肥，有利于减少化肥用量，促进花生生长，增加花生荚果产量，提高肥料利用率。

2. 炭基肥

生物炭是作物秸秆、杂草等生物质在缺氧或低氧环境中，经热裂解后生成的富碳产物。因其具有较高比例的惰性碳，这些惰性碳能够在土壤中稳定存在几百至数千年，因此在土壤中是一种有效的有机碳库。施用生物炭对土壤有多重作用：①生物炭本身含有多种养分，施入土壤能增加土壤中氮、磷、钾、钙及镁素的质量分数；②生物炭具有丰富的孔隙，相对土壤中的其他物质有较大的吸附容量，可有效提高土壤的保水保肥能力；③生物炭含有大量的芳香分子结构，具有较强的离子吸附和交换能力，能提高土壤的离子交换容量，减缓土壤中阴阳离子的波动。炭基肥是将生物质炭作为基本载体与化学肥料混合或复合造粒制成的一种新型缓释肥料，炭基肥利用自身超强的吸附性，吸附土壤中作物生长所需要的营养元素，可以防止肥料流失而达到缓释的效果。施用炭基肥能显著提高土壤速效磷、速效钾质量分数及土壤脲酶、蛋白酶的活性，与化肥等养分条件相比，炭基肥提升土壤速效磷、速效钾的效果最显著。

3. 有机物还田降低化肥施用量

秸秆通常是指农作物在收获籽粒果实后的剩余部分，其含有氮、磷、钾和有机质等，是一种具有多用途的可再生生物资源。秸秆还田，是世界上普遍重视的一项培肥地力的增产措施，在杜绝了秸秆焚烧所造成的大气污染的同时，有增肥增产的作用。秸秆中含有碳、氮、磷、钾、钙等物质，将农作物的秸秆归还田间，可以增加土壤有机质，培肥地力，增加作物产量，以及争抢农时。秸秆还田不仅能够提高土壤有机质质量分数、培肥地力，而且能够降低土壤容重、改善土壤理化结构、增强保水性等，使土壤疏松，孔隙度增加，促进微生物活力和作物根系的发育。此外，作物秸秆中的矿物质元素来自土壤，通过还田方式又释放到土壤中，使土壤养分维持平衡状态，以供作物持续利用。该循环利用模式有利于农业耕地可持续利用，符合当前提倡的减施、增效政策要求。覆盖秸秆能提高土壤速效氮、速效磷和速效钾的质量分数，降低土壤容重和土壤 pH 值。

4. 根瘤菌剂及微生物肥料施用

根瘤菌剂是指以根瘤菌为生产菌种制成的微生物制剂产品，生物固氮为宿主植物提供大量氮肥，减少化肥使用量，是绿色环保的供氮方式。花生缓释专用肥减量配施根瘤菌剂在减少肥料投入量的情况下，确保了土壤肥力和花生产量，表明根瘤菌剂在降低肥料用量的条件下，对土壤肥力和花生产量可以起到一定的补偿效应，为减肥增效提供了理论依据。

生物菌肥在培肥地力、提高化肥利用率、抑制农作物病害发生、促进农作物秸秆腐熟利用、提高农作物品质方面，具有重要作用。

（三）施肥关键技术与化肥减施

1. 主要施肥技术

（1）测土配方施肥。

测土配方施肥是指以土壤测试和肥料田间试验为基础，根据花生的需肥规律、土壤供肥性能和肥料效应，在合理施用有机肥料的基础上，提出氮、磷、钾及中、微量元素的施用量、施肥时期和施肥方法。测土配方施肥技术的核心是调节和解决花生需肥与土壤供肥之间的矛盾，有针对性地补充花生所需的营养元素，实现各种养分的平衡供应，以满足花生的需要，达到提高肥料利用率和减少肥料用量、提高作物产量、改善花生品质，以及节支增收的目的。

花生对于营养的需求既是阶段的，又是连续的。因此，保证关键时期各种营养物质的充足供应对花生生产的产量和品质提升有很大的作用。有机肥中的化学元素不仅丰富、齐全，而且有改良土壤结构的作用。无机肥虽然营养元素单一，但是营养元素质量分数高且见效快。因此，无机肥与有机肥相结合，不仅可以改良土壤，而且可以确保满足花生需要的营养物质供应。根据不同土壤的酸碱性及土壤性质，选择不同的肥料类型和功能性肥料。酸性土壤宜选用生理碱性含钙肥料（如石灰等），碱性土壤用石膏等生理酸性含钙肥料，冬耕时增施石灰氮，能显著减少连作土壤中病原菌、虫卵数量。生物菌肥能够平衡土壤微生物种群，提高土壤肥力，在播种前亦可施入。测土配方常用的技术是肥料效应函数养分丰缺指标法，该方法具有较为严谨和科学的推荐施肥量和配方，可促进各种养分的平衡供应，以达到提高花生品质、减少成本及肥料施用量的目的。

（2）叶面喷施技术。

叶面喷施作为一项补充土壤施肥不足或迅速补充作物营养的辅助施肥手段，具体是指将适用于叶面喷施的肥料均匀喷施于作物叶面表面的施肥方法，其特点是能快速被叶片吸收利用。叶面喷肥具有肥料吸收率高、节约用肥、增产显著的特点，特别对花生缺素症有很大的缓解和治疗作用。除根系吸收花生所需营养外，叶面喷施将花生需要的营养以溶液喷雾方式施用于叶面，经过吸收后，参与各种物质合成和生理生化反应。氮、磷、钾、钙等大量元素及钼、硼、锰、铁等微量元素均可叶面施用。花生叶面追肥种类繁多，生育中期追施硼、钼、铁等，生育后期追施氮、磷、钾等。花生中后期喷施叶面肥对防早衰、提高光合作用效率、促进荚果饱满有显著促进作用。叶面施用氮肥，花生植株吸收利用率达 55.5% 以上，饱果数明显增加，经济系数显著提高；叶面施用磷肥，一般可增产 7%~10%；叶面施用铝、硼、锰、铁等微肥，一般可增产 8%~10%。花生叶面喷施需注意以下方面：①要根据花生生长情况和生育时期确定喷施时间，一般应在生育中后期喷施。避免在高温时喷施，防止伤害叶片，雨天不宜喷施，如果喷后 4 h 遇雨应雨后补喷施。②喷施浓度必须适宜，浓度过低效果不明显，浓度过高易伤害叶片，造成肥害。③喷施须均匀，在喷施时要喷匀喷细，叶的正反面都要喷施，这样更有利于花生叶面吸收。

（3）水肥一体化技术。

水肥一体化技术是集节水灌溉和高效施肥于一体的农业管理技术，可实现水和肥同步供应，作物在吸收水分的同时，吸收养分，达到水肥耦合的效应。在不同灌溉方法（如漫灌、沟灌、畦灌及微灌等）中，均可应用水肥一体化技术，达到节水、节肥和增收增效的目的。水肥一体化技术亦可减少肥料用量、提高肥料利用率，获得良好的生态和经济效益。

一套完整的水肥一体化系统通常包括水源工程、首部枢纽、田间灌溉系统和灌水器四部分。目前，生产上的施肥设备主要包括旁通施肥罐、文丘里施肥器，施肥方法有重力自压施肥法、泵吸肥法、泵注肥法、注射泵等。适合水肥一体化技术的肥料应满足如下要求：①肥料中养分浓度较高。②在田间温度条件下完全或绝大部分溶于水。③含杂质少，不会堵塞过滤器和滴头。

根据地力水平、气候条件和产量水平，在花生不同生育期进行合理的灌水施肥处理。若播种时墒情较差，需及时滴水，使0~20 cm土层土壤含水量达到饱和状态再停止灌水。根据花生生育需肥规律，精准滴灌施入养分配比合理的水溶肥或液体肥，确保养分平衡供应。可分3个生育时期滴灌施肥，苗期滴灌施入30%~40%肥料，花针期滴灌施入30%~50%肥料，结荚期滴灌施入10%~20%肥料。也可分苗期和花针期两次滴灌施入，花针期滴灌施入60%~70%肥料。

（4）深耕改土与分层施肥技术。

深耕改土和分层施肥可充分发挥土壤自身养分供应能力，提高肥料的施用效果和肥料利用率。深耕配合增施有机肥，可以扩大花生耕作层，提高耕作层的质量。在施肥量较大的情况下，可结合耕作进行分层施用基肥。为适应不同时期作物根系对养分的吸收，一般缓释性肥料多施于土壤耕层的中下部，速效性肥料施于耕层的上部。在深耕时将氮、磷、钾肥和有机肥施入，将其分布于10 cm以下的耕作层；在起垄时将钙肥施入，使肥主要集中于10 cm的浅层，以便上部根系吸收。

（5）花生全程可控施肥技术。

山东省农业科学院花生栽培与生理生态创新团队将需肥时期分为花生幼苗期（前期）、开花下针期和结荚前期（中期）、结荚中后期和饱果期（后期）三个阶段。根据不同阶段需肥的特点，在特定时间段进行针对性的供肥，研发出满足生育全程的养分供应多层膜控释肥，可作为种肥进行施用。肥料的选择为速效肥与缓释肥复混的花生专用控释复混肥料，包括荚果肥料和根系肥料。荚果肥料为速效养分形式，N、P_2O_5、K_2O、CaO质量分数分别为12.3%，9.2%，15.0%，3.4%，施用于结果层（土层0~

10 cm）。根系肥料 N、P_2O_3、K_2O 质量分数分别为 19.6%、14.3% 和 14.5%，氮素包括 12.3% 的缓释肥和 7.3% 的常规氮肥，施用深度为根系集中的 10~20 cm 土层。肥料中富含中微量元素硼、锌、铁、钼、活化腐殖酸等。根据地力条件和产量水平，肥料用量一般在 65 千克/亩。施肥方式为土壤分层施肥，其中根系集中层和结果层各 30~35 千克/亩。

2. 化肥减施措施

（1）根瘤菌剂接种，减少氮肥使用。

花生是豆科作物，具有固氮功能，不同品种和土壤环境下根瘤固氮量有差异，整体占花生全生育期所需氮素的 50% 左右。根瘤菌剂接种可以为花生提供一定的氮素营养，有效提高作物的结瘤固氮能力，改善氮素营养，提高产量和经济效益，达到肥料减施增效的目的。由此表明，当氮肥施用不足时，接种根瘤菌效果不明显；当氮肥施用适量时，接种根瘤菌可增产 5% 以上。

（2）增加有机物料投入，减少化肥施用。

花生是地下结果作物，土壤紧实状况对花生结荚影响较大，土壤紧实度过大会影响花生的荚果发育。深耕及深松等耕作方式对降低土壤容重、提高通透性、改变土壤氧化还原电位具有重要作用。深耕及深松耕作亦能增加土壤养分的有效性，促进花生对养分的吸收利用，具有一定的节肥潜力。在化肥减施的条件下，增加有机物料的投入，是改良土壤、保证花生稳产增产的有效措施之一。目前，增施有机肥和秸秆还田是增加有机物料投入的主要方式。现有研究结果表明，增加有机肥的施肥量，可以有效改善土壤的理化性质，增加土壤有机质质量分数，从而促进花生的高效生长。有机肥与化肥配施相比化肥单施，能增加土壤速效氮、磷、钾养分质量分数，增加花生田细菌、真菌及放线菌数量，提高土壤脲酶、酸性磷酸酶及蔗糖酶活性，进而提高肥料利用率及花生产量。

（3）增施钙肥，减少化学氮肥施用。

钙是花生生长发育所必需的矿质营养元素，通过调节离子平衡、稳定细胞壁、细胞膜结构及诱导特异基因表达来提高抗逆性。

（4）水肥一体化技术减施化肥。

与常规施肥技术相比，在测土配方施肥的基础上，应用膜下滴灌水肥一体化技术可节肥 30%～50%。研究结果表明，肥料减量 20%～30%，不影响荚果产量，只是降低收获期绿叶数。在减少肥料用量 40% 的基础上，荚果增产 15% 以上，节肥增产潜力巨大。花生采用水肥一体化栽培技术能够显著提高肥料的利用效率，使花生施肥的增效相比常规栽培提高 2 倍以上，从而降低了化肥施用量。

（四）花生化肥减施技术体系

深入推广化肥减量增效技术，着力减少化肥施用量。在保证花生养分供应的基础上，坚持以产定肥、按需用肥，减少过量施肥和盲目施肥，推进生产生态协调发展。积极推广商品有机肥、生物肥和配方肥，引导农民自制自用农家肥、商品有机肥，并与配方肥、专用肥施用相结合，促进有机无机合理配施。优化施肥结构、施肥位置和施肥时期，调整养分形态配比，注重中微量元素补充。加快推广水肥一体化、专用缓控释肥及水溶性肥料，提高水肥利用率，减少花生生产中化肥的不合理施用。根据化肥减施原则，建立花生化肥减施技术体系如下。

1. 施肥原则及建议。

（1）增施有机肥和生物菌肥。

一般地块每亩施充分腐熟的有机肥 2000～3000 kg 或生物有机肥 80～100 kg；高产田亩施充分腐熟的有机肥 3000～4000 kg 或生

物有机肥 120~150 kg。增施有机肥要配合使用生物菌肥，促进土壤肥力的快速提高。严禁施用未经腐熟的农家肥。

（2）平衡施用化肥。

产量水平较高的田块一般每亩施氮（N）12~14 kg，磷（P_2O_5）10~11 kg，钾（K_2O）14~17 kg，钙（CaO）10~12 kg；产量水平中等的田块一般每亩施氮（N）8~10 kg，磷（P_2O_5）6~8 kg，钾（K_2O）9~12 kg，钙（CaO）8~10 kg；产量水平较低的田块一般每亩施氮（N）4~7 kg，磷（P_2O_5）3~5 kg，钾（K_2O）5~6 kg，钙（CaO）6~8 kg。将常规化肥与缓控释肥配施，可将速效氮肥的 1/3 作种（苗）肥、2/3 缓控释氮肥作荚果肥，确保养分适期供应。重视钙肥施用，促进结实和荚果饱满，酸化土壤施用生石灰，硅、钙、镁肥等生理碱性肥料，碱性土壤施用石膏等生理酸性含钙肥料，一般每亩基施石灰 30~50 kg 或石灰氮 20~30 kg，其他商品土壤调理剂 50~100 kg。因地制宜施用硼、锌、铁等中微肥，以促进荚果发育。每亩施用硼砂 0.5~1 kg，硫酸锌 1~2 kg，硫酸亚铁 2~3 kg。

（3）施肥时期及方法。

高产地块用肥较多，要采取集中与分散相结合的施肥方法，即耕地前撒施全部有机肥、磷钾肥和 2/3 的缓控释氮肥，耙地前铺施剩余 1/3 的速效氮肥和其他肥料（钙肥等），机播地块可将部分化肥用播种机施肥器施在垄中间。起垄播种地块，可结合起垄，将 2/3 种肥包施在两个播种行下方 10~15 cm 处，剩余 1/3 种肥施在垄中间，做到深施、匀施。中低产地块，可结合播种作种肥集中施用，但要种肥隔离，防止烧种。钙肥要与有机肥配合施用，防止过量施钙影响钾等营养元素吸收。

（4）推广水肥一体化技术。

进一步提高水肥利用率。滴灌肥料既可选择适合花生的滴灌专用肥料或水溶性复合肥，也可选择如尿素、硫酸铵、磷酸二氢钾、硫酸钾、硝酸钙等可溶性肥料。整地时，每亩施氮（N）3 kg、磷（P_2O_5）0.5 kg、钾（K_2O）1 kg；于花针期、结荚期和饱果期结合滴灌每亩分别追施氮（N）3 kg、磷（P_2O_5）1.5 kg、钾（K_2O）3 kg、钙（CaO）2 kg，纯氮（N）4 kg、磷（P_2O_5）2 kg、钾（K_2O）5 kg、钙（CaO）5 kg，纯氮（N）2 kg、磷（P_2O_5）2 kg、钾（K_2O）2 kg、钙（CaO）3 kg。

2. 花生化学肥料减施关键技术

（1）花生根瘤菌剂接种、微生物菌剂施用技术。

不同氮源的供氮水平为根瘤固氮>土壤供氮>肥料供氮。适当减少施氮量能够提高花生肥料利用率，氮肥减施 1/3 配合高效根瘤菌剂拌种提高花生产量和氮肥利用率。根瘤菌与有机肥或钼肥存在较大的交互效应。生产中在使用根瘤菌拌种的同时，当季每亩可施商品有机肥 150 kg 左右。

选择微生物菌剂替代化肥，科学合理配方施肥。综合参考地区土壤情况，包括目标产量、土壤养分情况等，制定化肥施用量。一般来说，选择 2/3 常规化肥用量+微生物菌剂（有效活菌数 1.0 亿个/克）3 千克/亩，土壤调理剂 0.5 千克/亩，生物农药拌种剂 0.29 千克/亩。选择颗粒性菌肥 3 千克/亩与化肥在料斗当中进行混合，将其作为底肥施用，随用随拌。

（2）秸秆还田配套深松技术。

寒地花生生产中，秸秆还田技术每亩还田 400 kg 玉米秸秆，将玉米秸秆粉碎成长度 5 cm 左右的小段，平铺后进行旋耕，保证秸秆大部分入土，再进行 25 cm 深松。秸秆还田配套深松技术可显著改善土壤的理化性状，增加土壤养分，促进花生根系的生长，提高水分和养分的吸收能力，进而提高花生产量。

（3）氮肥减施、增施钙肥协同增效技术。

研究结果表明，花生氮素积累量呈 S 形曲线变化，群体氮素营养吸收高峰期的出现早于干物质积累，表明氮素积累是干物质积累的基础。增施钙肥，花生氮素最大积累量和速率提高，快速积累期起始时期提前，快速积累期终止时期和快速积累期持续期缩短。增施钙肥（40 千克/亩）条件下，荚果产量提高 13.4% 以上，结果数增加 6.0% 以上；施氮量为 5 千克/亩，且配施40 千克/亩 CaO，可获得稳产。

（4）花生专用炭基肥替代化肥施用技术。

施用等量的花生专用炭基肥替代化肥促进了花生生长，显著增加叶面积和净光合速率且提升土壤速效磷、速效钾的质量分数。炭基肥施用显著提高土壤脲酶、蛋白酶的活性，增加生育后期土壤过氧化氢酶活性。施用花生专用炭基肥较常规复合肥增产3.91%。

（5）膜下滴灌水肥一体化水肥高效利用技术。

建立花生智能水肥一体化系统，该技术是利用互联网技术将灌溉和施肥融为一体的农业新技术，可以实现电脑或手机远端控制，实现物联网与节水灌溉技术的结合。黄淮海花生产区研究结果表明，基肥施用量为常规施肥量的 40%，将 60% 的肥料在花生花针期和结荚期进行膜下滴灌追施，可提高花生的产量及肥料利用效率。追施肥料减量施用研究结果表明，追肥滴灌量每亩每次掌握在 20～30 m^3，花针期用肥量为 N1.5 kg、P_2O_5 0.5 kg、K_2O 1.5 kg、B0.5～1.0 kg、CaO1.5 kg；结荚期用肥量为 N1.5 kg、P_2O_5 0.5 kg、K_2O 1.5 kg、B0.5～1.0 kg、CaO1.5 kg；饱果期用肥量为 N1.5 kg。

第七章 辽宁花生生产技术

一、花生物联网水肥一体化技术

（一）物联网系统

1. 采集系统

（1）采集内容。

利用传感器自动采集 0~40 cm 内土壤含水量、温度和电导率，以及空气温度、空气湿度、降雨量等要素，应每小时上传 1 次数据。

（2）传感器选择。

选择土壤温度、土壤湿度、土壤电导率等传感器。传感器技术性能指标应符合表 7-1 的要求。

表 7-1 传感器技术性能要求

传感器种类	测量范围	分辨率	测量精度
土壤温度/℃	-50~+80	0.1	±0.1
土壤湿度	0%~100%	0.1%	±2%
土壤电导率/（ms·cm⁻¹）	0~20	0.1	±0.1

（3）监测站点设置。

每 300 亩设置 1 个土壤墒情监测站点和 1 个农田小气候监测站点，站点应建立在灌溉控制区域具有代表性的地块，墒情监测站点应符合《土壤墒情监测规范》（SL 364—2015）。

2. 数据传输系统

（1）传输方式。

系统通过 ZigBee，Wi-Fi 等短距离无线传输方式进行传感器与采集控制器之间的数据传输；通过 GPRS、网桥、光纤等远距离传输方式实现采集控制器与监控中心之间的数据交换。

（2）传输系统组成。

传输系统由采集、传输、存储模块等组成。

（3）安装。

组成信息采集传输控制器安装在监测站支架上，高度以便于操作为准。

3. 自动控制系统

（1）控制平台。

控制平台作为物联网系统监测终端与控制终端的中枢管理系统，根据土壤参数、花生系数设定灌溉控制参数。

（2）灌溉首部设备。

灌溉首部应安装电磁阀、电磁流量计、电子远传水表、压力表等。设备选型应符合《工业过程控制系统用电磁阀》（JB/T 7352—2010）、《电子远传水表》（CJ/T 224—2012）、《远传压力表》（JB/T 10203—2000）等相关标准。

（3）田间控制终端。

田间控制终端依据自控制平台的指令进行开启或关闭，主机通过电磁阀实现田间灌溉控制。根据现场管道内尺寸或流量要求，确定电磁阀通径尺寸；电磁阀最小工作压差范围为 0～1.0 MPa，最大工作压差不应大于它的公称压力；额定供电电压优先选择 AC220 V，DC24 V，符合《工业过程控制系统用电磁阀》（JB/T 7352—2010）要求。

（二）水肥一体化系统

1. 组成

系统应由水源、首部枢纽、输水管网（干管、支管、毛管）和灌水器4个部分组成。系统设计、安装应符合《微灌工程技术标准》（GB/T 50485—2020）要求。

2. 首部枢纽

由水泵、施肥器、过滤器、控制阀和仪表等组成，具有动力加压、加肥、过滤、控制等作用。

3. 施肥器

依据控制面积大小，一般可选用压差式施肥罐、文丘里施肥器、注肥泵、比例施肥器、施肥机等。

4. 过滤器

地下水水源，一级过滤一般选用离心式和筛网式组合过滤；地表水水源，一级过滤一般选用砂石过滤和筛网式组合过滤；田间二级过滤可选用120目网式过滤器。过滤器尺寸根据管网总流量来确定。

5. 输水管网

应按照《微灌工程技术标准》（GB/T 50485—2020）布设输水管网干管、支管、毛管。干管采用塑料给水管，支管和毛管采用聚乙烯（PE）管，支管管径一般为32~50 mm。毛管为滴管带或滴灌管，管径一般为10~16 mm。主管可埋在地下，支管铺在地面，毛管铺设在畦面植株根部附近。

6. 灌水器

一般迷宫式或贴片式滴头，滴头间距10~25 cm，流量1.3~3.0 L/h。

7. 运行

开启水泵，检查滴灌系统工作是否正常，若有漏水现象或其他问题应及时处理，逐级冲洗各级管道，使滴灌系统处于待运行状态。

（三）水肥一体化管理

1. 水分管理

（1）水源。

井水、地表水均可。水质应符合《农田灌溉水质标准》（GB/T 5084—2021）要求。

（2）灌水时期。

以田间持水量为设定依据，在花生不同生育时期进行测墒滴灌，当 0~40 cm 土壤相对含水量低于该时期适宜的指标时（如表 7-2 所列），进行滴灌补水。

表 7-2　不同生育时期适宜土壤相对含水量指标

项目	指标要求			
	播种出苗期	开花下针期	结荚期	饱果成熟期
适宜土壤相对含水量	50%~60%	60%~70%	55%~65%	50%~60%

（3）灌水方法。

播种出苗期，如遇干旱无法出苗，应提前 2~3 d 补水灌溉，控制灌水量为 5~10 米³/亩，使 0~40 cm 土层土壤含水量达 50%~60%；开花下针期，当花生叶片中午前后出现萎蔫时，应通过滴灌进行补充灌溉，每亩控制灌水量为 20~30 m³，使 0~40 cm 土层土壤含水量达 60%~70%；结荚期，当花生叶片中午前后出现萎蔫时，应通过滴灌进行补充灌溉，每亩控制灌水量为 15~25 m³，使 0~40 cm 土层土壤含水量达 55%~65%；饱果期，遇旱应小水润浇，控制灌水量为 5~10 米³/亩，使 0~40 cm 土层土壤含水量达 50%~60%。

2. 养分管理

（1）肥料选择。

滴灌肥料可选择适合花生的滴灌专业肥或水溶性复合肥，也可选择尿素、硫酸铵、磷酸二氢钾、硫酸钾、硝酸钙等可溶性肥料，然后按照一定比例融化在施肥桶中。施肥时，应不断搅拌。可溶性肥料应提前 1 d 完全融化在施肥桶中，应符合《肥料合理使用准则 通则》（NY/T 496—2010）要求；水溶性肥料可当天应用时现配，应符合《水溶性肥料》（HG/T 4365—2012）要求。

（2）施肥时期。

采用滴灌追肥时，一般施肥总量的 40% 用作基肥或种肥，60% 用作追肥；分别于苗期、开花下针期、结荚初期和饱果期进行 4 次追肥，分别以总肥量的 10%，25%，20%，5% 的比例滴灌施入。

（3）施肥方法。

在需要灌水和追肥的时期，进行滴灌施肥。首先，根据地块大小计算所需的肥料用量，将固体肥料溶解成肥液备用。其次，待三分之一的灌水量灌入田间后，再进行注肥，注肥时间约为总灌水时间的三分之一，注肥流量根据肥液总量和注肥时间确定。注肥完毕后，继续灌水直至达到预定灌水量。

如某生育时期水分充足不需要灌水，但需要追肥时，应在该时期增灌 10 米^3/亩，随水追肥。

3. 药剂管理

（1）药剂选择。

①根腐病。

防治根腐病较好的药剂有根腐咛（学名敌磺钠）、烂病亡、甲霜恶霉灵（甲霜灵 5%，恶霉灵 25%）等，农药使用符合《农药合理使用准则（十）》（GB/T 8321.10—2018），下面农药使用也应符合此准则。

②蛴螬。

防治蛴螬较好的药剂有毒死蜱、辛硫磷、毒·辛（毒死蜱10%、辛硫磷30%）等。

（2）施药时期。

①根腐病。

发病初期或发病率低于5%时，防治效果最佳。

②蛴螬。

在蛴螬幼虫时期，防治效果最佳。

（3）施药方法。

①根腐病。

发病初期，75%根腐咛可湿性粉剂800倍液和烂病亡1000倍液或75%根腐咛可湿性粉剂800倍液和30%甲霜恶霉灵1500倍液连续灌根2~3次，间隔5~7 d。

②蛴螬。

40%毒·辛乳油100倍液在苗期和结荚期各灌根1~2次，间隔5~7 d。

4. 管道回收

收获前，应先拆除地上铺设的灌溉管道。干管、支管拆除后，冲洗干净妥善保存，留待下年继续使用。拆除的毛管不再重复使用。

5. 地膜清理

收获后，及时回收田间残留地膜。

6. 系统维护。

（1）管网系统维护。

定期对管网进行检查，发现漏水立即处理。冬季来临前，打开泄水阀，将管道内存水排净，防止管道发生冻裂。

（2）灌溉控制系统维护。

定期对主机模板、灌溉区控制模板、恒压供水控制模块进行检查，发现损坏立即处理。软件平台若发生故障示警，应立即排除。

（3）施肥系统维护。

每次施肥结束后，应根据施肥机过滤器堵塞情况进行清洗；冬季来临前，应排净施肥机管道内、施肥泵内、施肥桶内、连接管道内积水，防止冬季结冰损坏；施肥机及配套搅拌电机、施肥桶应安装在专门的操作间。

二、高油酸花生生产技术

（一）产地选择

选用砂质壤土或轻砂壤土，地势平坦、排灌方便的中等以上肥力地块。产地环境指标符合《花生产地环境技术条件》（NY/T 855—2004）的要求。

（二）选地、整地与施肥

1. 地块选择

选择质地疏松、排水良好的中等以上肥力地块，避开重茬地、涝洼地、盐碱地及黏重土质，产地环境指标符合《花生产地环境技术条件》（NY/T 855—2004）的要求。

2. 整地

秋季耕翻，早春进行顶凌耙耢；不耕翻的地块在春季除净残茬，起、合垄平整好地表，每隔3~4年深耕1次，深度25 cm。

3. 施肥

肥料使用应符合《肥料合理使用准则 通则》（NY/T 496—2010）的要求。高油酸花生施肥应重视有机肥，施足基肥，配合微肥。每亩施用有机肥3 m³ 以上，配施尿素10~15 kg、磷酸二铵 15~20 kg、硫酸钾 8~10 kg、生石灰 15~20 kg。

（三）品种选择与种子质量

选用油酸质量分数稳定在 72% 以上或油亚比不小于 7 的早熟花生品种，产量潜力大和综合抗性好的品种，并通过国家品种登记的品种。种子质量应符合《经济作物种子 第 2 部分：油料类》（GB 4407.2—2008）规定。

（四）种子处理

1. 剥壳与选种

播种前 10~15 d 进行晒种，晒种 2~3 d，剥壳前，选择整齐一致的荚果，剔除病残果和大小果；剥壳后，选择大小整齐一致、无损伤、色泽鲜艳、无裂痕、无油斑的子仁作种子。

2. 拌种

根据病虫害发生情况选择符合《农药合理使用准则（十）》（GB/T 8321.10—2018）规定的药剂进行拌种。拌种时，不应伤害花生种皮，充分拌匀后，在阴凉处晾干。机械拌种过程中，注意清理机具。

（五）播种

1. 播种期

春季 5 d 内，5 cm 地温稳定在 16 ℃ 以上时播种，一般在 5 月中旬进行，地膜覆盖栽培可提前 5 d。

2. 密度

单粒播种，垄距 85~90 cm，垄面宽 60~65 cm，垄高 10~12 cm，垄上播种 2 行，小行距 35~40 cm，株距 8~10 cm，播种深度 3~4 cm，每亩保苗 1.3 万~1.5 万株；双粒播种，株距 14~15 cm，每亩保苗 1.5 万~1.7 万株。

（六）覆膜

1. 地膜选用

应选择符合《聚乙烯吹塑农用地面覆盖薄膜》（GB 13735—2017）规定的聚乙烯膜。厚度 0.008~0.01 mm，宽度 90~95 cm。

2. 覆膜方法

采用花生覆膜播种机播种，一次完成起垄、施底肥、播种、喷施除草剂、覆膜和压土等作业。

（七）田间管理

1. 查膜盖膜

播种后，检查地膜有无破损，及时用土盖严。

2. 放苗补苗

及时引出顶膜困难的幼苗，发现缺苗现象，及时补种。

3. 水分管理

进入花生花针期和结荚期，如果持续干旱，应及时灌溉。如遇大雨，应及时防涝。

4. 去劣去杂

进入盛花期，观察花生田间整齐度，剔除杂株。

5. 病虫害防治

高油酸花生病虫害防治原则以种植抗性品种为基础，化学防治符合《农药合理使用准则（十）》（GB/T 8321.10—2018）规定，倡导生物防治。

6. 叶面喷肥

花生生育中后期，开花下针期每亩叶面喷施 2% 的尿素水溶液 +0.2% 的磷酸二氢钾水溶液 50~60 kg，连喷 2~3 次，间隔 5 d。也可选用符合《肥料合理使用准则 通则》（NY/T 496—2010）要求的叶面肥料喷施。

（八）收获

在 9 月中旬，当地下 70% 以上荚果果壳硬化，网壳清晰，果壳内壁出现黑褐色斑块时，便可收获。收获后，3 d 内气温不得低于 5 ℃。

（九）捡收残膜

花生收获后，应及时捡收残膜，去除埋在土里的残膜和花生秧上的残膜。

（十）贮藏

荚果含水量降到 10% 以下时，入库贮藏。高油酸花生在收获、摘果、晾晒和贮藏等过程中，要单独操作，剔除杂果、杂仁，避免混杂。贮藏仓库要做好防虫、防鼠处理，荚果不能接触地面，应与仓库墙面保持 20~22 cm 的间隔，室内保持干燥。

三、花生玉米间作技术

（一）产地选择

产地宜选用轻壤或砂壤土，地势平坦、耕作层肥沃、排灌方便的中等以上肥力地块。产地选择符合《花生产地环境技术条件》（NY/T 855—2004）要求。

（二）整地与施肥

1. 整地

秋季耕翻，早春进行顶凌耙耱；起、合垄平整好地表，做到深、松、细、碎、平；每年深耕 1 次，深度 25~30 cm，3~4 年深松 1 次，深度 35~55 cm。

2. 施肥

肥料使用应符合《肥料合理使用准则 通则》（NYT 496—2010）的要求。玉米施肥：每亩施用有机肥 3000 kg、配施尿素

10~15 kg、磷酸二铵 15~20 kg、硫酸钾 8~10 kg 作为基肥。花生施肥：每亩施用有机肥 3000 kg、磷酸二铵 15~20 kg、硫酸钾 8~10 kg 作为基肥，可溶性硝酸钙 7.5~10 kg，播种前整地施入。

（三）品种选择及种子处理

1. 品种选择及播种密度

花生：选用耐荫性好、抗逆性强、优质、高产、适应性广的早熟且经过登记的品种，每亩种植密度 1.5 万~1.7 万株。

玉米：选用矮秆、半紧凑或紧凑、抗逆性强、优质、高产的熟期适宜、易于全程机械作业且经过审定的品种，每亩种植密度在 4000~4500 株。

2. 种子处理

花生种子处理：播种前 10~15 d 进行晒种，连晒 2~3 d，剥壳前，选择整齐一致的荚果；剔除病残果和大小果及荚果变色果；剥壳后，选择大小整齐一致、无损伤、色泽鲜艳、无裂痕、无油斑的子仁作种子。选择符合《农药合理使用准则（十）》（GB/T 8321.10—2018）规定的药剂进行拌种。拌种时，不应伤害花生种皮，充分拌匀后，放置阴凉处晾干。

玉米种子处理：播种前晒种 2~3 d，选择籽粒饱满、大小均匀、发芽率高的种子，剔除秕、霉及小的籽粒。选择符合《农作物薄膜包衣种子技术条件》（GB/T 15671—2009）要求的玉米专用种衣剂包衣或直接选用包衣种子。

（四）播种方式

1. 播种时间

花生：5 cm 地温 5 d 内稳定在 12 ℃以上，一般在 5 月上旬至中旬进行。墒情不足时，补水后 1~2 d 进行播种。

玉米：5 cm 地温 5 d 内稳定在 8 ℃以上，一般在 4 月下旬至5 月上旬进行。墒情不足时，补水后 1~2 d 进行播种。

2. 种植方式

花生和玉米种植垄向与风向垂直，带宽 8～10 m，等间距播种，次年花生和玉米倒茬种植。花生行距为 50 cm，穴播 2 粒，穴距为 12.5～13.5 cm，或穴播 1 粒，穴距为 6～7 cm；玉米行距为 50 cm，穴播 1 粒，穴距为 29.5～33.3 cm。

（五）田间管理

1. 水分管理

花生进入开花下针期和结荚期，若土壤含水量为田间持水量的 60%（含 60%）以下时，应及时灌溉；玉米进入开花期和灌浆期，土壤含水量达到田间持水量的 70% 左右时，应根据当地降水情况调整灌水次数和灌水量。如遇大雨，应及时防涝。

2. 除草与中耕

播种后 2 d 内，每亩用 90% 乙草胺乳油 120～150 mL 兑水 50～60 kg 后，进行表土喷雾；生长期如遇少量杂草，宜人工拔除；如苗期杂草较多，可选用针对花生和玉米专用的除草剂在无风天进行定向喷雾，避免花生与玉米间药剂接触。

花生在始花期结合除草和追肥进行中耕培土、迎针；玉米在 5～8 叶时，进行第 1 次中耕除草，在拔节前，进行第 2 次深耕除草，促进侧根发育。

3. 追肥

花生在开花下针期，每亩追施尿素 7.5～10 kg、硫酸钾 5～7.5 kg；玉米在大喇叭口时期，每亩施用尿素 20～30 kg、氯化钾 15 kg。

4. 病虫害防治

化学防治应符合《农药合理使用准则（十）》（GB/T 8321.10—2018）规定要求，根据田间病虫害的发生情况，及时防治。

（六）收获晾晒

花生荚果70%以上果壳硬化，网壳清晰，果壳内壁出现黑褐色斑块时，便可收获，并及时晾晒，晒干后入库。

玉米果穗苞叶变黄松散，籽粒变硬，果穗中部灌浆籽粒乳线消失，籽粒尾部黑色层形成，即可采收，并及时晾晒。

（七）安全贮藏

花生荚果含水量低于10%以下，摘果装袋，入库贮藏；玉米籽粒含水量降到14%以下时脱粒，装袋入库贮藏。包装袋要透气，库房要通风干燥。

四、高油酸花生种子生产技术

（一）种子质量标准

1. 原种

品种纯度100.0%，净度99.0%及以上，发芽率80%及以上，荚果水分10.0%及以下，且符合《经济作物种子 第2部分：油料类》（GB4407.2—2008）对花生原种质量标准的要求。

2. 良种

品种纯度100.0%，净度99.0%及以上，发芽率80%及以上，荚果水分10.0%及以下，且符合《经济作物种子 第2部分：油料类》（GB4407.2—2008）对花生良种质量标准的要求。

（二）种子生产

1. 种子来源

种子经回交、杂交、诱变等方法选育而成。

2. 播种

种子适当稀植播种在原种田中，行距50~55 cm，株距18~20 cm，单粒点播，每亩播种0.6万~0.63万株，严防人工及机械混杂。

3. 田间管理

按照《农药合理使用准则（十）》（GB/T 8321.10—2018）要求使用农药，按照《肥料合理使用准则 通则》（NY/T 496—2010）要求使用肥料。

4. 油酸质量分数鉴定

选择单株或单行种子，利用《食品安全国家标准 食品中脂肪酸的测定》（GB 5009.168—2016）的检测方法对花生仁进行测定，花生油酸质量分数占脂肪酸总量不小于75%。

（三）原种生产

1. 种子来源

种子由育种家或育成单位提供。

2. 播种

单粒播种，适当稀植单粒播种在原种田中，行距50~55 cm，株距16~18 cm，单粒点播，每亩播种0.75万~0.8万株，严防机械混杂。

3. 田间管理

按照《农药合理使用准则（十）》（GB/T 8321.10—2018）要求使用农药，按照《肥料合理使用准则 通则》（NY/T 496—2010）要求使用肥料。

4. 田间调查与记录

主要从4个时期进行调查。

（1）苗期：主要调查出苗期、出苗率和出苗整齐度。

（2）开花期：主要调查开花习性、叶片形状、生长习性、叶色、花色等。

（3）成熟期：主要调查成熟期、主茎高、侧枝长、抗病性、植株整齐度等。

（4）收获期：主要调查荚果形状、果嘴明显程度、表面质地等。

通过调查，淘汰不具备原品种典型特性的单株或株行，去除病害严重株及劣株。

5. 收获与鉴定

依据品种生育期应适时早收，单独收获，收获后，及时单独晾晒，避免混杂。选择不同收获批次的原种进行混样，利用《食品安全国家标准 食品中脂肪酸的测定》（GB 5009.168—2016）的检测方法对花生仁进行测定，花生油酸质量分数占脂肪酸总量不小于75%。

（四）原种生产良种

1. 地块选择

选用砂壤或轻砂壤土，土壤肥力中等以上，2年内未种过花生或其他豆科作物的地块，产地环境符合《花生产地环境技术条件》（NY/T 855—2004）的要求。

2. 隔离

为避免种子混杂，周围不得种植其他品种的花生，隔离距离至少30 m。

3. 种子来源

采用育种家生产的原种，淘汰秕果、芽果、劣果、冻果。

4. 播种

播种时间：预防地温冷害，5 d内5 cm地温在15 ℃及以上后播种。

单行种植：行距50~55 cm，株距13~15 cm，穴播双粒，每亩播种0.9万~1.0万株。

大垄双行种植：垄距85~90 cm，垄面宽60~65 cm，垄高10~12 cm，垄上播种2行，小行距35~40 cm，株距14~15 cm，

双粒播种,每亩播种0.9万~1.0万株。

5. 田间管理

按照《农药合理使用准则(十)》(GB/T 8321.10—2018)要求使用农药,按照《肥料合理使用准则 通则》(NY/T 496—2010)要求使用肥料。

6. 收获与晾晒

当植株主茎剩下3~4片绿叶,70%以上荚果果壳硬化,网纹清晰,果壳内壁呈青褐色斑块时,即可收获。收获时,为避免霜冻危害,收获后3 d内最低温度不得低于3 ℃;收获时,应避免机械混杂,单独晾晒,防止雨淋,待荚果含水量降到20%后摘果。

7. 种子检验

油酸质量分数检测:利用《食品安全国家标准 食品中脂肪酸的测定》(GB 5009.168—2016)的检测方法对花生仁进行测定,花生油酸质量分数占脂肪酸总量不小于75%。对品种纯度符合100%的种子进行复检,对符合《经济作物种子 第2部分:油料类》(GB 4407.2—2008)规定标准的良种签发合格证书,对不合格的种子提出处理意见。

五、花生机械覆膜播种技术

(一)地块选择

选用砂质壤土或轻砂壤土,地势平坦、坡度小于15°、排灌方便的中等以上的肥力地块。产地环境符合《花生产地环境技术条件》(NY/T 855—2004)的要求。

(二)整地与施肥

1. 整地

秋季除净残茬杂物,深松,深度为35~45 cm,覆膜播种前旋耕，深度 10~15 cm。

2. 施肥

肥料使用应符合《肥料合理使用准则 通则》（NY/T 496—2010）的要求。花生覆膜种植产量高，对肥料要求量大，要施足有机肥，配合化肥。每亩施用有机肥 3000 kg 以上，于旋耕前平铺地表，随旋耕施入土中；尿素 5 kg、磷酸二铵 20 kg、硫酸钾 15 kg 混合后，加入覆膜播种机肥料箱中，随覆膜播种施入。

（三）覆膜播种机选择与安装

1. 覆膜播种机选择

选择一次作业能完成施肥、做畦、喷除草剂、铺膜、打孔、播种、覆土、镇压的花生覆膜播种机。

2. 配套动力

动力 14.7 kW 以上，轮距 950~1050 mm，如果耕地是风沙地，必须选用四轮驱动拖拉机。

3. 安装

覆膜播种机与拖拉机 3 点连接，落下起落架后整地镇压轮能与地面接触，机架与地面平行。电源线 1 条线与蓄电池正极连接，另 1 条连接负极或车体金属部位。调整 2 个播种盘上扎孔器横向距离 400~450 mm，圆盘施肥器与播种盘上扎孔器纵向向内偏移 50 mm，底端比整地镇压滚低 100~120 mm；两个压膜开沟器横向距离 650~700 mm，压膜轮纵向与压膜开沟器位置相同。

（四）准备

1. 人员

1 名驾驶员（具有拖拉机驾驶证，驾龄 1 年以上），1 名辅助人员并携带铁锹。

2. 地膜

选择符合《聚乙烯吹塑农用地面覆盖薄膜》（GB 13735—

2017）规定的聚乙烯膜。宽度 900~950 mm，厚度 0.008 mm 以上透明膜或黑膜，黑色地膜可不喷除草剂。

3. 化肥

选择符合《肥料合理使用准则 通则》（NY/T 496—2010）规定的颗粒化肥。

4. 种子

种子发芽率 85% 以上，净度 99%，纯度 95% 以上。

（五）播种期

5 d 内 5 cm 土层温度稳定在 10 ℃ 以上可以播种。辽宁地区覆膜播种在 4 月末至 5 月初。

（六）覆膜播种

1. 加种子

将花生种子加入种箱，旋转播种盘一周，准备播种。

2. 加化肥

加入混合好的化肥，如果花生田有蛴螬，在化肥中拌入 48% 的毒死蜱或 10% 吡虫啉，用量 2 千克/亩。

3. 加除草剂

药桶内先加入 1/3 清水，加入 50% 的乙草胺 500 g，最后加满水。

4. 装地膜

松开地膜固定轴上的紧固螺丝，用地膜固定轴卡住膜捆，调至居中，紧固螺丝。铺好地膜（如图 7-1 所示），调整覆土圆盘角度和高度。

5. 覆膜播种

打开除草剂开关，开始覆膜播种。作业过程中，机械动力不能倒退。

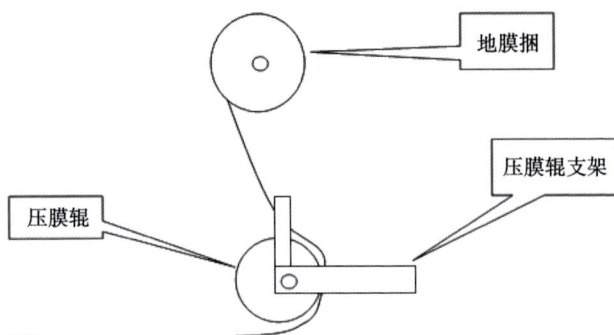

图 7-1　铺地膜示意图

6. 换垄

覆膜播种行至地头后，关闭喷除草剂开关，用铁锹在地膜上压土，断开地膜，掉头入垄，重新铺好地膜，再打开喷除草剂开关，覆膜播种。

（七）检查

1. 播种检查

从播种器内侧观察是否落种，如果不落种，检查种子箱是否有种子或检查排种盘施肥是否有异物堵塞。

2. 施肥检查

从播种机后方观察肥料下落情况。施肥量过大或过小可调整施肥量手柄。施肥带种子侧下方与种子间隔 5~7 cm，间隔调整施肥圆盘位置或播种盘位置。

3. 喷药检查

检查微喷离心盘是否旋转，如果不转，查看电源线是否接对；检查喷药情况，如果不喷药，查看管路是否接通或堵塞；调整微喷泵角度与地面成45°。

4. 覆土检查

覆土厚度 15~20 mm 为宜，不足或过多时，应调整覆土圆盘角度和高度。

六、花生节本增效栽培技术

（一）选地与选茬

1. 选地

选择地势较平坦，耕层疏松、通透性好、土壤肥力较高，保肥、保水性能较好的砂壤土或壤土。

2. 选茬

选择前茬禾本科、薯类作物，不宜重、迎茬种植。

3. 轮作倒茬

与禾本科或薯类作物进行轮作，一般 3 年为 1 个轮作周期。

（二）整地

1. 秋整地

前茬作物收获后，在土地封冻前进行翻耕，深度 25~30 cm，不耙压，保持地表粗糙，翌年顶凌期耙压。采取旋耕灭茬整地方法，深度 12~15 cm，不耙压或当秋起垄。

2. 春整地

风沙土在播种前 1~2 d 进行翻耕整地，深度 25~30 cm，翻耕后随即耙压，随后施肥起合垄；采取旋耕灭茬整地方法，深度 12~15 cm，随后施肥起合垄。

（三）播前准备

1. 品种选择

选用优质、高产稳产品种，例如阜花 12 号、阜花 17 号、阜花 18 号、冀花 7 号、花育 20 号、唐科 8252。品种选择符合《经济作物种子 第 2 部分：油料类》（GB 4407.2—2008）的要求。

2. 精选种子

（1）发芽试验。

取 300 粒种子放入容器内，放入 3 份凉水、1 份开水，将种子浸泡 24 h，将水滤去，再用同样温度的湿布盖起来，放在 25 ℃ 的环境中发芽，3 d 后测发芽势，5 d 后测发芽率。发芽率达 95% 以上方可作种。

（2）晒种。

播前 15 d 左右选晴天上午 10 时，将荚果摊在泥土场地上晒 5~6 h，摊晒厚度约 6 cm，连晒 2~3 d，之后剥壳。

（3）分级粒选。

剥壳前，选整齐一致的荚果，之后剥壳。剥壳后，选大小整齐一致、饱满度好、无损伤、无裂纹的子仁作种子。

（四）播期确定

连续 5 d 内 5 cm 平均地温稳定到 12 ℃ 时即可播种，正常年份对应时间为 5 月 5—15 日。

（五）基肥标准

地膜覆盖基肥施用量，亩施用优质农家肥 3000~4000 kg，整地前施入，尿素 11~13 kg，磷酸二铵 8~10 kg，硫酸钾 22~24 kg，混合后随种深施。露地基肥施用量，亩施用优质农家肥 3000~4000 kg，整地前施入，尿素 7~9 kg，磷酸二铵 5~7 kg，硫酸钾 15~17 kg，混合后随种深施。基肥标准应符合《肥料合理使用准则 通则》（NY/T 496—2010）的要求。

（六）栽培模式

1. 大垄双行覆膜单粒精播种植

应用花生施肥、播种、喷药、覆膜、打孔、覆土、镇压一体化的覆膜播种机播种。大垄顶宽 65 cm，大垄底宽 95~100 cm，垄高 10~12 cm。垄上种植 2 行，小行距 35 cm，大行距 50 cm。株距 8~10 cm，单粒精播，种植密度 1.4 万株/亩。

2. 大垄双行单粒交错裸地种植

应用花生起垄、开沟、施肥、播种、覆土、镇压一体化的花生裸地播种机播种。大垄距 60 cm，垄上小行距 15 cm，株距 12~13 cm，单粒交错播种，种植密度为 1.8 万株/亩。

（七）田间管理

1. 化学除草

使用芽前除草剂，乙草胺、异丙甲草胺（杜尔、都尔）或甲草胺（拉索）等，亩用量 100~150 mL 兑水 50~60 kg，于花生播种后随播种机械喷洒地表。

2. 查田补苗

覆膜花生播种到出苗期间，防止大风揭膜而使土壤失墒，种子落干。露地花生、覆膜花生查田后，若发现缺苗达 5% 以上，前 1 天浸种，第 2 天添墒补种。

3. 清棵蹲苗

露地栽培，清棵应在苗基本出齐时进行。用小锄将幼苗子叶周围土向四周全部扒开，除去杂草，使子叶节露出地面。清棵时，注意不要损伤子叶，深度以露出子叶为宜。

4. 中耕除草

第 1 次中耕应在苗基本出齐后，结合清棵进行，宜浅并防止压苗，应疏松表土并且将杂草除净；第 2 次中耕应在开花期进行，避免伤果针，只疏松土壤、除净杂草即可，以 5 cm 深为宜。

5. 追肥

露地花生在开花下针期，亩追施尿素 3~5 kg、硫酸钾 7~9 kg。在盛花期果针形成时，叶面喷施 1% 尿素、0.2% 磷酸二氢钾和 0.2% 硫酸亚铁混合液 1~2 次，每隔 5 d 喷 1 次。覆膜花生在盛花期果针形成时，叶面喷施 1% 尿素、0.2% 磷酸二氢钾和 0.2% 硫酸亚铁混合液 1~2 次，每隔 5 d 喷 1 次。

6. 控徒长

当植株生长高度达到 35~40 cm 时，可用 15% 壮饱安 35~40 克/亩，兑水 35~40 kg 叶面喷施 1 次。

7. 补墒与散墒

（1）补墒。

在花生生育期间，当土壤水分质量分数为田间最大持水量的 60% 以下（含 60%）时，应进行补墒，可采用喷灌或滴灌方法。补墒应以土壤水分质量分数占田间最大持水量的 60%~70% 时为适宜。

（2）散墒。

在花生生育期间，若土壤水分质量分数为田间持水量的 80% 以上（含 80%），覆膜田要将双行中间的地膜划破，裸地要在垄沟间趟 1 犁进行散墒。散墒应以土壤水分质量分数占田间最大持水量的 60%~70% 时为适宜。

（八）病虫害防治

1. 根腐病和茎腐病防治

用吡虫啉 95 g、专用助剂 50 g、清水 350 g，充分混合搅拌均匀后，直接拌种，直到每粒种子上都均匀包上药剂后，在阴凉（避光）通风处摊开晾干即可播种。

2. 叶斑病和疮痂病防治

当田间发病株率达 5% 以上时，开始防治。第 1 次防治一般是 7 月 15 日左右，用 70% 甲基托布津 45 克/亩和 10% 己唑醇 22.5 毫升/亩，兑水 45 千克/亩；第 2 次一般是 7 月 22 日左右，用 25% 苯醚甲环唑 15 毫升/亩，兑水 45 千克/亩；第 3 次一般是 8 月 1 日，用 10% 己唑醇 45 毫升/亩，兑水 45 千克/亩。同时，在药液里加入1%尿素+0.2%磷酸二氢钾叶面肥。

3. 蛴螬防治

亩用10%毒死蜱（地虫神杀）1~2 kg，盖种沟施。若有秋季地下害虫发生多的地块，可将三尺绝或地虫神杀条施于花生根5 cm处。

（九）收获

当果壳网纹逐渐清晰，颜色由黄色逐渐变成暗黄色或日平均气温降到12 ℃时，进行机械刨收，一般正常年份为9月17—23日。刨收后就地晾晒，干后机械摘果。

（十）安全贮藏

摘果后，将荚果在泥土场上晾晒。当荚果含水量低于10%或子仁含水量降至6%以下，气温降至10 ℃以下时，装袋入库贮藏。包装袋易透气，库房要通风干燥，不存放化肥、农药。

参考文献

［1］ 丁红，张智猛，万书波，等. 花生化肥农药减施增效技术［M］. 北京：中国农业出版社，2024.

［2］ 苏君伟，于洪波. 辽宁花生［M］. 北京：中国农业科学技术出版社，2012.

［3］ 全国农业技术推广服务中心. 高油酸花生产业纵论［M］. 北京：中国农业科学技术出版社，2019.

［4］ 汤丰收. 花生高产与防灾减灾技术［M］. 郑州：中原农民出版社，2014.

［5］ 王一波，张丽丽，王海新，等. 追施不同量氮肥对连作花生土壤理化性质和生物学性质的影响［J］. 农业科技通讯，2023（8）：92-97.

［6］ 陶群，姜美丽，修翠波，等. 膜下滴灌条件下氮钾肥基追比对风沙地土壤养分、酶活性及花生产量的影响［J］. 中国油料作物学报，2023，45（5）：1016-1021.

［7］ 韩宁，孙继军，史普想，等. 辽宁省花生焦斑病病原菌分离鉴定及其生物学特性［J］. 中国油料作物学报，2024，46（1）：175-181.

［8］ 任亮，于树涛，孙泓希，等. 花生农艺性状与荚果物理特性分析及适宜机械脱壳品种筛选［J］. 分子植物育种，2025，23（1）：142-151.

［9］ 张宇，王海新，史普想，等. 不同类型有机肥+EM 菌对花

生光合特性、土壤养分和产量的影响 [J]. 花生学报，2020，49（3）：74-78.

[10] 刘宝勇，张成，史普想，等. 不同施肥水平对风沙地花生氮含量的影响 [J]. 山西农业科学，2020，48（7）：1087-1092.

[11] 刘宝勇，刘欣玲，张成，等. 水肥一体化模式下不同施肥处理对沙地土壤理化性状及土壤酶活性的影响 [J]. 安徽农业科学，2020，48（9）：167-171.

[12] 张宇，王杨，王海新，等. 有机肥与复合肥比例优化对花生产量的影响 [J]. 农业科技通讯，2020（6）：96-98.

[13] 史普想，刘盈茹，张晓军，等. 低温水灌溉对花生根际土壤酶活性和养分含量的影响 [J]. 中国油料作物学报，2016，38（6）：811-816.

[14] 赵雪淞，宋王芳，杨晨曦，等. 膨润土对花生连作根际土壤肥力和作物产量的影响 [J]. 中国土壤与肥料，2019（3）：63-68.

[15] 王海新，王慧新，蔡立夫，等. 花生防风蚀种植技术研究 [J]. 辽宁农业科学，2016（5）：37-39.

[16] 史普想，于国庆，于洪波，等. 6种杀菌剂防治花生疮痂病田间防效试验 [J]. 辽宁农业科学，2015（3）：62-64.

[17] 史普想，王辉，于国庆，等. 花生根腐病田间药剂筛选试验 [J]. 湖北农业科学，2016，55（6）：1448-1450.

[18] 史普想，于国庆，于洪波，等. 辽宁阜新花生产区昆虫群落结构及多样性分析 [J]. 花生学报，2019，48（1）：40-47.

[19] 史普想，张晓军，赵长星，等. 土壤质地对花生叶片衰老特性和产量的影响 [J]. 湖北农业科学，2016，55

（7）：1649-1652.

[20]　辽宁省农村经济委员会. 花生节本增效栽培技术规程：DB21/T 2655—2016［S/OL］.（2016-06-21）［2024-12-10］. http：//www.csres.com/detail/285476.html.

[21]　辽宁省农村经济委员会. 花生玉米间作技术规程：DB21/T 3205—2019［S/OL］.（2019-12-20）［2024-12-10］.http：//www.csres.com/detail/342527.html.